小流域生态涵养可持续发展评价研究

赵方莹　徐邦敬　毕勇刚　曹玉亭　编著

中国林业出版社

图书在版编目（CIP）数据

小流域生态涵养可持续发展评价研究／赵方莹等编著.
—北京：中国林业出版社，2013.9

ISBN 978-7-5038-6421-6

I.①小…　Ⅱ.①赵…　Ⅲ.①小流域 – 生态环境 – 可持续性发展 –
研究 – 北京市　Ⅳ.①X22

中国版本图书馆 CIP 数据核字（2011）第 246362 号

中国林业出版社·自然保护图书出版中心

策划编辑： 刘家玲

责任编辑： 张　锴　刘家玲

出　　版：中国林业出版社（100009　北京西城区刘海胡同 7 号）
　　　　　　E - mail：wildlife_cfph@163.com　电　话：83225836

发　　行：中国林业出版社

制　　作：北京金舵手世纪图文设计有限公司

印　　刷：北京中科印刷有限公司

版　　次：2013 年 9 月第 1 版

印　　次：2013 年 9 月第 1 次

开　　本：787mm×1092mm　1/16

印　　张：11.75

字　　数：300 千字

印　　数：1～1000 册

定　　价：36.00 元

　　小流域综合治理是中国治理水土流失的主要形式，北京山区面积占到国土面积的 60% 以上，小流域众多，山区小流域是北京生态涵养区的主体，山区小流域综合治理是首都生态环境建设的重要组成部分。随着经济社会的发展，国家"可持续发展，推进社会主义事业全面发展"战略目标的实施，山区小流域治理与经济发展、资源保护相结合的战略思想逐渐被人们认识和接受，实现流域的可持续发展，已成为小流域生态建设的目标。北京以"水源保护"为中心，构筑"生态修复、生态治理、生态保护"三道防线，按照建设生态清洁型小流域的思路，建设坚持生态优先、人与自然和谐的小流域，在实现水源保护的同时，改善人居生态环境，促进小流域经济社会稳定持续发展。

　　樱桃沟小流域在生态清洁小流域建设思路的指导下，充分发挥小流域资源禀赋和区位优势，开展了一系列小流域综合治理措施，达到了生态修复、水资源保护、小流域治理多赢目标，实现流域资源、经济、社会稳定持续发展。

　　《小流域生态涵养可持续发展评价研究》是以樱桃沟小流域为典型，对北京西部生态涵养发展带生态涵养与社会发展建设的评价分析，对山区溪流水环境实施近自然的人工修复等实现生态修复、生产发展、人民生活改善的目标具有很好的示范作用。作者具有丰富的实践经验和扎实的理论基础，通过樱桃沟小流域水资源承载力分析、生态环境承载力分析、小流域景观生态格局分析、植被效益分析和农业观光产业的发展评价，从经济、社会、生态多方面对樱桃沟小流域的可持续发展水平进行了综合评价研究，为北京市乃至全国山区小流域可持续发展建设提供了宝贵可借鉴的样板。

中国水土保持学会秘书长

北京林业大学党委书记　　吴斌

　　根据北京市城市总体规划，北部与西部山区为北京市生态涵养发展区，是首都的绿色生态屏障和水源涵养保护区，是提升首都可持续发展能力、建设宜居城市的重要基础。小流域是山区各项生态资源的有机载体，也是山区农民群众生产和生活的重要场所。

　　以"水源保护"为中心，构筑"生态修复、生态治理、生态保护"三道防线，建设生态清洁型小流域是北京市水土保持工作的重要理念。生态清洁型小流域建设坚持生态优先和人与自然和谐的原则，在治理水土流失、绿化美化环境，提高生态质量和环境品位的基础上，构筑"三道防线"，结合农村产业结构调整，在实现保护水源的同时，促进流域经济社会稳定持续发展。

　　近几年来，北京市在科学规划的基础上，在山区实施了生态清洁小流域建设、废弃矿山整治、绿化造林、生态产业发展和基础设施建设等综合治理工程，取得了显著的生态、经济和社会综合效益。随着首都经济社会快速发展，构建社会主义和谐社会对山区生态屏障建设的质量和标准提出了更高的要求，北京市在"十一五"期间加大山区小流域综合治理力度，取得了丰硕的成果。

　　门头沟区妙峰山镇的樱桃沟小流域是西部山区的典型小流域，在生态清洁小流域建设思路的指导下，结合小流域资源禀赋和区位优势，实施了一系列的措施，如大力开展关停废弃矿山生态修复工程、对水环境进行近自然修复、发展万亩玫瑰园和建设龙凤岭水土保持生态科技示范园等。综合治理达到了生态修复、水资源保护、小流域发展多赢目标，实现了水资源的可持续利用，推动了小流域经济社会的可持续发展。因此，选择樱桃沟小流域为研究对象，开展生态涵养可持续发展评价研究，能为新时期北京作为建设"世界城市"的小流域建设提供借鉴。

　　本项目外业调查及书稿撰写过程中得到了北京林业大学、北京市门头沟区水务局、北京林丰源生态园林绿化工程有限公司、北京丰林源生态园林设计研究院等单位领导和科技人员的无私帮助，在此表示衷心感谢。本书的出版也得到了广大专家、出版人员的大力支持，在此一并表示感谢。同时感谢所引用参考文献的作者。

　　限于作者水平和时间有限，本书难免存在不足之处，恳请读者指正。

编著者

2011 年 5 月于北京

目 录

第一章 绪 论

根据北京市城市总体规划中北京市北部、西部山区生态涵养带的功能定位，明确山区是首都的绿色生态屏障，是城市水源涵养保护区，是提升首都可持续发展能力、建设宜居城市的重要基础。小流域是山区生态资源的有机载体，是重要的水源保护地，也是山区农民群众生产生活的重要场所。

以水源保护为中心，构筑"生态修复、生态治理、生态保护"三道防线，建设生态清洁型小流域是北京市水土保持工作的重要理念。生态清洁型小流域建设坚持生态优先、人与自然和谐的原则，在治理水土流失、绿化美化环境，提高生态质量和环境品位的基础上，构筑"三道防线"，结合农村产业结构调整，在实现水源保护的同时，保证景观协调，促进流域经济社会稳定持续发展。

近几年来，北京市在科学规划的基础上，实施了水土流失治理、土地开发整理、绿化造林、生态产业发展和改善基础设施等综合治理工程，取得了显著的生态、经济和社会综合效益。随着首都经济社会快速发展，构建社会主义和谐社会对山区生态屏障建设的质量和标准提出了更高的要求，小流域综合治理工程的推进速度和治理标准与之形成了较为明显的差距。为此，北京市政府在"十一五"期间加大山区小流域综合治理力度。

门头沟区妙峰山镇的樱桃沟小流域在生态清洁小流域建设思路的指导下，结合小流域资源禀赋和区位优势，实施了一系列的措施，如大力开展关停废弃矿山生态修复工程，对水环境进行人工近自然修复处理，建设万亩玫瑰园和龙凤岭科技示范园，发展径流农业等。其综合治理达到了生态修复、水资源保护、小流域治理三赢目标，实现了水资源的可持续利用，推动了小流域经济社会的可持续发展，正确处理人与自然的关系，构建了和谐社会。因此，选择樱桃沟小流域作为研究对象，对小流域的生态涵养发展进行评价，为山区小流域的进一步发展提供科学指导。

北京市生态涵养发展区包括门头沟、平谷、怀柔、密云、延庆5个区（县），是北京的生态屏障和水源保护地，是环境友好型产业基地，是保证北京可持续发展的支撑区域，也是北京市民休闲游憩的理想空间。该区域生态质量良好、自然资源丰富，但工业基础薄弱，产业发展空间相对较小。该区域大多处于山区或浅山区，全区占地 8 746.65km^2，占北京总面积的 53.3%；2010 年常住人口 186.4 万人，占全市的 9.5%，常住人口密度为 213 人/km^2；2006 年地区生产总值为 346.95 亿元，占全市的 4.75%。由于该区域属于限制、禁止开发区域，关键要解决生态环境保护与经济发展之间的矛盾。

第一节　北京山区小流域治理现状

北京市总面积 16 410km²，山区总面积 10 418km²，占全市面积的 63.49%，全市范围内共有 547 条小流域，这些流域内的水土流失总面积为 6 640km²，占山区面积的 63.74%（张雪涛，2006）。

"九五"期间提出的"北京市山区小流域治理的可持续发展示范研究"项目采取研究与推广已有成果相结合、示范区建设与面上推广相结合的方法，边示范边推广（李永贵，2000）。北京经过不懈努力，探索出构筑水土保持"生态修复、生态治理、生态保护"三道防线、建设生态清洁小流域的治理模式，完成了从小流域治理向小流域管理的转变。"三道防线"建设的实质是在政策保障下，通过"封、移、补、节、治、调、清、育、保"措施和手段，对流域的水土资源进行综合管理，实现了从小流域治理向小流域管理的转变（毕小刚，2007）。

通过近年来的综合治理工作，水土流失治理度达 70% 以上，林草面积达到宜林宜草面积的 80% 以上，农民年人均经济收入提高 50% 以上，减沙效益达到 70% 以上，取得了令人瞩目的成就（毕小刚，2007）。截至 2008 年底，北京市已治理水土流失面积 4 543km²，占总流失面积的 68%，共建成生态清洁小流域 76 条，占小流域的 14%。

"十一五"期间，北京市投入 5 亿元资金用于京郊山区小流域的综合治理，以有效改善被治理流域的生态环境和水土流失状况。按照规划，"十一五"期间北京市将按照平均 50 万元/km² 的标准投入资金，每年对 20 条小流域进行生态清洁型综合治理（李锐，2008）。2004～2005 年，在密云水库上游白河沿线的延庆县千家店镇和怀柔区宝山寺镇，对 4km² 水稻田进行了种植结构调整，采取退稻、"三禁"（禁栽水稻、禁施化肥、禁用农药）措施，每年可减少化肥使用量 243t。在密云水库上游退耕还林还草 93km²，营造水保林 17km²（毕小刚，2007）。2005 年，北京以水源地保护为重点，改造了 2.6 万多个农厕，建设小型污水处理设施 139 处，日处理能力 1 530t，推动垃圾定点分类堆放和定时清理工作，并建立农村垃圾"村收、镇运、县处理"的管理机制，解决了水源地 4 万户、2.5 万余人的生活垃圾污染问题（毕小刚，2007）。2006 年北京投入 1.6 亿元对京郊山区 9 条流域进行综合治理，总治理面积为 200km²，2006 年的治理工作完成后，治理区域内的 38 个村、9 562 户山区农民，2.7 万人因此受益（张雪涛，2006）。截至 2008 年，北京市通过山区小流域综合治理工程，完成小流域治理 47 条，开发整理土地近 12.67km²，新增耕地 5.27km²；恢复矿山植被面积 25.01km²（李锐，2008）。2010 年北京全面启动主线 620km 和支线 330km 的山区旅游环线建设任务，3 年内实现从京西南到京东北的全线贯通。2010 年，完成对市郊 50 条小流域的综合治理工作，被治理流域的水土流失综合防治面积达到 1 000km²，有效改善了这些地区的生态环境（张雪涛，2006）。

北京山区小流域综合治理取得了巨大成效。通过京津风沙源治理等工程建设，完成封山育林 250 万亩[①]；完成小流域综合治理 720km²。全市已形成国家级、市级、县级三级重

---

① 1 亩 = 1/15 公顷 = 667m²，下同。

点治理区，累计治理水土流失面积 3 600km²，占应治理面积的 60%。北京山区小流域综合治理为发展北京农村经济及保障首都生态安全起到了积极作用（李妍彬，2007）。2001 年北京地区降水量偏少，在山区实施的集雨节灌工程使 210 万亩土地及时得到灌溉，抗灾能力明显增强，山区农民连续两年平均增收 300 元以上。集雨节灌工程以拦蓄地表水、发展集雨节灌为重点，2001 年完工 7 536 处，其中多数工程与水库、灌区、机井连接起来，带动了山区林果业为主的高效种植业发展。平谷县建成 32 万亩绿色果品长廊，168 个村成为果品专业村。延庆县形成了康庄至永宁 25km 的出口蔬菜长廊和张山营至刘斌堡 30km 的山前优质果树带。怀柔县营造出板栗、西洋参、冷水鱼、奶牛生产基地。密云县建成 40 个养殖小区，这些工程使有限的水资源得到了充分利用（赵兴林，2001）。

第二节　北京山区小流域研究现状

山区小流域综合治理，是中国治理水土流失的主要形式。近 10 年来，随着"可持续发展"概念的引入，山区小流域治理与经济开发、资源保护相结合的战略思想逐渐被人们认识和接受，实现流域的可持续发展，已成为当今小流域治理活动的准则。目前，对小流域的研究偏重于综合治理方面，侧重于生态环境的保护，而对小流域经济开发与管理的研究较少（李妍彬，2008）。

"十五"国家科技攻关项目"都市重要水源区水源涵养型植被建设技术研究与示范"中以北京三渡河小流域为研究对象，提出了适用的、可操作的、简化的小流域综合治理可持续发展指标体系，该指标体系由目标层、类目标层、项目指标层和指标变量层构成，依照从低到高次序逐层计算各项指标值，最终得出小流域综合治理可持续发展指标值。

通过对北京山区石匣小流域的调查分析，初步提出适合北京山区小流域脱贫致富的经营管理体系雏形，并建议各具体流域综合考虑各限制因子，因地制宜、有选择性地借鉴与采纳此体系（李妍彬等，2007）。刘正恩等（2009）以北京市昌平区流村镇菩萨鹿村小流域为对象，通过对生态建设需求的分析，制定了综合治理和生态环境建设的指导思想和规划，为北京山区水土资源合理开发利用、保护和改造提供了可供借鉴的经验，为山区经济和生态环境建设协调发展提供了参考。陈建刚等（2002）在北京北部山区石匣小流域土地资源现状评价的基础上，对影响生产力的各因子进行综合分析，对石匣小流域综合治理模式进行研究，得出了石匣小流域综合治理优化配置水土保持措施体系。石匣小流域综合治理中水土保持措施注重空间结构的配置，采取"山顶戴帽子，山腰系带子，山脚穿靴子"的立体配置结构。经济林和水保林的比例近似 2∶1，这与石匣小流域的用地结构比例相适应。段文标等（2004）以蒲洼小流域为研究对象，通过建立小流域综合治理可持续发展指标体系，对蒲洼小流域综合治理可持续发展做出评价。指标体系中包括 3 个类目指标层，5 个项目指标层，共计 17 个指标，通过计算得出蒲洼小流域 1997 年和 2000 年的可持续发展度分别为 0.629 和 0.637，尚处于不可持续发展的状态，但已经逐步接近可持续发展的水平。鉴于其可持续发展度逐年增大，说明经过综合治理后，其可持续发展能力得到了增强。资源环境承载能力是影响蒲洼小流域 1997 年可持续发展度的主要因素。森林覆盖率和耕地灌溉率是影响该年度蒲洼小流域综合治理可持续发展的两个主要指标。2000 年蒲洼小流域综合治理可持续发展度比 1997 年提高了 1.27%。可持续发展度增大的根本原因在于社会发展能力和经济发展能力的增加。赵云杰等（2005）以石匣小流域为研究对象，通过选取植被覆盖度、水土流失强度、土地利用率、治理度、人均收入与当地平均水平的比值 5 个指标，建立可持续发展评价指标体系，采用模糊综合评判方法对石匣小流域生态可持续发展水平进行了评价分析。结果表明，石匣小流域治理度非常显著，1999 年达到100%，比 1991 年增加了 10 倍；石匣小流域进行综合治理后水土流失强度得到了有效的控制，到 1999 年进入一般可持续发展阶段，同 1991 年相比水土流失强度降低了近 1/6；植被覆盖度和土地利用率在 1991 年就已经进入可持续发展临界平衡阶段，到 1999 年已经分别处于中等可持续发展状态和一般可持续发展状态，所以在以后的治理中仍需继续保持。段文标等（2002）以石匣小流域为研究对象，从物质需求度、核心发展度、经济富强度、资源丰富度和环境容忍度等方面选取 18 个指标构造评价指标体系，对石匣小流域综合治理可持续发展做出评价，石匣小流域 1994 年、1997 年和 2000 年的可持续发展度分别为 0.571，0.583，0.635，尚处于不可持续发展的状态，但已接近可持续发民水平，并且小流域经过治理后可持续发展的能力和水平得到了提高；经济发展能力和资源环境承载能力是影响石匣小流域 1994 年、1997 年和 2000 年可持续发展度的两个主要因素；1997 年石匣小流域综合治理可持续发展度比 1994 年提高了 2.1%，可持续发展度提高的根本原因在于资源环境承载能力的增加；2000 年石匣小流域综合治理可持续发展度比 1997 年提高了 8.92%，可持续发展度增大的根本原因在于社会发展能力、经济发展能力和资源环境承载能力的增加。王冬梅等（2002）以石匣小流域为例，通过收集资料，运用对比法、假设法和层次分析法对小流域发展影响因素进行分析，研究得出自然因素中光、温、水的年际变化是影响小流域经济增长的主要因素；社会因素有人口因素、技术因素和管理因素。吴敬东等（2003）对北京市科委"九五"重大科技攻关项目"北京市山区小流域治理及可持续发展示范研究"的主要研究成果进行了综述，结合北京山区小流域治理现状，提出了山区可持续发展的建议；通过对石匣、三渡河和蒲洼小流域可持续发展度的评价分析得出全市小流域综合治理的状况离小流域可持续发展的要求还有一定距离，在小流域以后的综合治理中，应先分析评价现状小流域的可持续发展度，然后以影响小流域可持续发展度的有利条件和制约因素为突破口，采取相应的对策和措施，才能不断增强小流域可持续发展的能力和水平。北京山区小流域治理智能决策信息管理系统、北京市自然灾害灾情查询信息库和土壤侵蚀预报模型应在实际应用中进行修正、补充和完善，不断提高山区小流域可持续发展治理决策的技术水平。胡淑萍等（2009）利用景观分析软件对半城子水库流域2000 年和 2005 年的遥感影像资料进行解译，分析得出 2000~2005 年，半城子水库流域始终以林地为基质，且针叶林、阔叶林、混交林的优势度较高，斑块间面积分布不均匀；在景观异质性方面，针叶林的异质性显著增高，林地类型的斑块复杂性也高于其余景观要素类型，各景观要素的斑块数目增多，分布更为均匀；在空间相互关系方面，景观破碎化程度增加，景观水平上整体空间聚集性降低。管伟（2004）通过对上辛庄小流域主要人工林地的研究，探讨植被与水分以及水量平衡各因子之间的相互作用机制，为该区林业生态工程建设中最佳植被结构模式和综合治理方案提供了理论基础和科学依据，研究得出降水特征和林分结构特征共同影响刺槐和小叶杨林冠截留；不同降水量和降水强的组合，会导致不同的林冠截留作用；郁闭度与林内降水量成反比，也即与截留量成正比；刺槐和小叶杨两种林分内雨季潜在蒸发量大于同期降水量，两种林分内的 P/E 值小于林外，且有随林分郁闭度增加而增加的趋势；乔木蒸腾耗水是总蒸发中所占比例最大的分项，它受到降水量等气象因子的共同影响；在研究季节内，受降雨的影响，0~20cm 土层的含水率在 5% ~ 20% 范围内变化，随着深度的增加，土壤含水率的变动幅度逐渐减小，受降雨的影响也减小；不同降水量及土壤前期含水量对土壤含水率影响很大。李妍彬（2008）以北京李家峪小流域为研究对象，对小流域经济开发和管理进行研究探讨，李妍彬认为北京山区小流域经济开发与管理应从生态环境的质量、人口和居民点布局、土地利用结构和生态产业链、小流域管理几方面进行综合分析。李妍彬认为北京山区以中低山为主，生态环境质量分为非工程措施——"软措施"和工程措施——"硬措施"；土地利用结构调整主要从生态环境保护功能区、坡改梯经济林果区、平缓坡耕地农业耕作区等不同功能区提出不同的结构调整方式；生态保护功能区分布在 25° 以上的荒坡地，主要执行生态环境保护功能，实行退耕还林还草、封山育林是本区开发利用的方向；在流域土地优化利用中，坡改梯经济林果区应种植经济作物，形成商品化基地，奠定流域的经济基础；平缓坡耕地农业耕作区应大力推广地膜覆盖、节水灌溉等生态农业技术来促进农业生产。唐莉华（2004）以北京市小流域为研究对象，利用地理信息系统，以 Arc-View 为平台，结合 VB、FORTRAN 等计算机语言二次开发小流域水土保持综合治理规划设计模块，利用 GIS 技术及相关模型，采用人机对话的方式，完成小流域的基础信息管理、水土保持措施优化规划、小型工程措施初步设计及综合治理效益分析等工作，提高了规划设计的工作效率和自动化水平。李翀等（2009）对北京山区小流域水环境承载力进行了研究，通过野外调查和现状监测，综合采用数学模型、原型观测及现场采样等多种技术手段，建立雁栖河流域常住人口、旅游人次及渔场规模与排污负荷量关系；同时利用流域水文、水动力及水质综合模型，计算得到该利用水体的纳污能力，提出了基于流域出口断面水质控制目标的适宜承载规模，为雁栖河生态清洁小流域建设管理提供了技术支撑。符素华等（2001）对北京密云石匣小流域 20 个坡面径流试验小区进行野外观测，研究了水土保持措施对土壤侵蚀的影响，分析了不同水土保持措施下的水土保持效益，符素华认为北京山区陡坡耕地加剧了土壤流失。坡耕地的年均侵蚀模数远大于土壤的自然形成速度和北方土石山区的允许土壤流失量；人工草地、荒草地、水平条林地和鱼鳞坑林地有显著的水土保持效益，水土保持效益值依次为 0.063、0.045、0.025 和 0.019，它们之间无显著差别；在坡面治理过程中，可结合生态效益和经济效益来选择这几种工程措施进行水土流失防治。通过分析径流试验小区的坡耕地、休闲地和荒草地不同坡位的土壤粒径，确定了不同土地利用方式下的土壤粗化程度：休闲地的土壤粗化程度最大，其次为坡耕地和荒草地。休闲地和坡耕地 0~1cm 石砾所占百分数远大于 0~5cm 和 5~10cm 层土壤；不同土地利用方式下，土壤侵蚀危害程度因土层深度不同；荒草地仅有表层土壤受土壤侵蚀的轻微影响；坡耕地 0~5cm 土层受到土壤侵蚀的危害；而休闲地 5~10cm 土层受到土壤侵蚀的危害（符素华，2001）。王晓燕等（2003）通过监测降水量、径流量和径流水质，对密云水库小流域土地利用方式与氮、磷流失规律进行了研究。研究认为径流中总磷的浓度以村庄最高，其次为坡耕地、林果地和荒草坡；不同地表径流中的溶解态氮浓度的差别较大，村庄最高，其次是耕地、荒草坡、林果地，村庄径流的溶解态磷浓度为荒草坡径流的 10 倍；不同土地利用类型中吸附态磷占总磷的比例都在 90% 以上，与泥沙结合的吸附态磷的浓度远大于溶解态磷的浓度，吸附态磷是磷流失的主要形态。随着径流量的增大，径流中总氮的浓度降低速度呈减小趋势。

第三节　北京生态清洁小流域建设研究现状

北京市于 2003 年开始开展生态清洁小流域建设试点，目前全市已建设 50 条生态清洁小流域，工作虽然刚刚起步，但效果明显，并积累了一定的经验。

在水利部的支持和指导下，北京市水土保持工作按照"生态优先，治污为本，保护水源"的原则，以小流域为单元，水源保护为中心，以溯源治污为突破口，按照"保护水源、改善环境、防治灾害、促进发展"的总要求构筑"生态修复、生态治理、生态保护"三道防线，实施污水、垃圾、厕所、河道、环境同步治理，采取 21 项措施，建设生态清洁小流域，取得明显效果（毕小刚，2005）。

2008 年 8 月，北京市水务局制定了北京市地方标准——生态清洁小流域技术规范。规范中确定了生态清洁小流域的概念，生态清洁小流域治理的三道防线，规定了生态清洁小流域的调查内容和方法，提出了生态清洁小流域评价指标体系，明确了北京地区生态清洁小流域治理必须具备的 21 项措施，同时提出了生态清洁小流域的监测内容、方法及生态清洁小流域治理后验收的相关事项（刘大根，2008）。生态清洁小流域治理重点为库（河）滨带建设、乡村生活污水处理、生活垃圾处理、农田面源污染控制、地埂生物化（毕小刚，2005）。

2008 年北京加快生态清洁小流域建设步伐，将治理速度由每年的 310km² 提高到 500km² 以上，截至 2008 年年底，全市 547 条小流域，累计治理 327 条，其中建成生态清洁小流域 76 条。生态清洁小流域建设取得三大成效：一是保护了水源，稳定了密云、怀柔水库水质，改善了官厅水库水质；二是发展了旅游，促进了绿色产业发展，富裕了农民；三是改善了农村人居环境，维护了河库健康生命，促进了人与自然的和谐相处。预计到 2015 年可建成生态清洁小流域 233 条；进一步加大对山区绿化工程的投入，市级投入每亩 6 000 元，用 3 年时间完成 274.8km² 宜林荒山造林任务（李锐，2008）。

2010 年 5 月北京市已建成 128 条生态清洁小流域，建成污水处理站 550 余处，污水日处理能力 3.3 万吨，640 多个村实现了整村治污，为山区沟域经济发展创造了条件（俞亚平等，2010）。治理后的生态清洁小流域水污染物平均消减 20% 以上，出水水质达到地表水Ⅲ类以上标准。小流域水源保护使密云水库在连续 11 年干旱后，水质仍然保持在Ⅱ类标准。

依托生态清洁小流域，北京山区郊县大力发展沟域经济。建成的 128 条生态清洁小流域中有 77 条发展了自然生态旅游，26 条发展了特色果品种植采摘，经综合治理的小流域人均增收 20% 以上。生态清洁小流域建设成为名副其实的民生工程。

昌平区在黑山寨川北河流域综合治理中，针对河道垃圾污染严重的情况，建设小型垃圾卫生填埋设施，探索"清洁流域"模式，不仅解决了流域内 4 个自然村 1 100 户居民的垃圾污染问题，而且有效保护了饮用水源，特别是 2003 年 SARS 期间的群众健康，改善了人居环境，深受群众欢迎。怀柔区在渤海镇甘涧峪村建设小型污水处理示范工程，全村273户所有的生活污水一律不再直接排入河道，处理后的中水全部用于果树和园林浇灌，生活垃圾定点分类堆放，定时清理，保证了河道和村镇清洁。昌平区响潭小流域按照构筑三道防线的布局，实施传统小流域治理工程，蓄水保土、涵养水源；建设污水处理设施和小型垃圾卫生填埋场，实现垃圾无害化处理，净水清源；建设沟道人工生态湿地，封河育草，形成自然水体净化系统。同时成立水源保护协会，加强水源保护的自律性，成效显著。

李妍彬等（2007）对北京山区小流域治理措施进行归纳综述，总结出北京地区小流域治理应遵循生物措施、工程措施、管理措施相结合；运用多目标规划方法优化土地结构；治理与开发相结合；建立生态村；配置专家系统等几个方面原则。吴敬东（2010）以蛇鱼川小流域为例，通过小流域调查和水质监测，确定影响小流域水量和水质的主要因素，确定其对水环境的影响程度，并利用水资源模拟系统建立水文模型，对小流域污染原因和水质承载力进行研究，分析得出小流域地表水质情况良好，地下水质受农业面源污染影响显著，以硝酸盐为主要表征指标，以10mg/L为限，地下水质超标率达55.6%，集中于流域中下游农业种植养殖区；汛期随降水量增加，硝酸盐浓度变大，污染增强。吴敬东（2010）认为小流域人口数量翻倍、发展农业节水灌溉和取缔养鸡场可使地下水位分别下降0.9m、上升0.2m、上升2.4m。为保证小流域水量的持续供给，可优先考虑取缔养鸡场或控制其规模；流域水质与农业规模、强度紧密相关。当前施肥强度945kg/hm² （氮肥）过高，超出了水质承载力，应至少降低50%；流域中下游养鸡场规模大，污染物浓度高、增幅大，超出了水质承载力，为保证下游水质，应将养鸡规模尽量控制在3 000只以内。

第二章 研究区概况 »»»

北京位于东经 116°20′，北纬 39°56′，地处华北大平原的北部，全市土地面积 16 410km²。其中山区面积为 10 418km²，约占全市总面积的 63.49%。北京地势西北高，东南低。西、北、东北面连绵不断的诸山岭形成一个向东南展开的半圆形大山湾。北京地区属暖温带大陆性季风气候，降水适中，四季分明。年平均气温 8 ～ 12℃，年均降水量约 600mm，降水季节分配不均，70% 的降水集中在 7 ～ 9 月。境内主要河流有属于海河水系的永定河、潮白河、北运河、拒马河和属于蓟运河水系的沟河。全市共有水库 85 座，其中大型水库有密云水库、官厅水库、怀柔水库和海子水库。

门头沟区位于北京市西南，研究区樱桃沟小流域位于门头沟区东北部，流域内有 5 个行政村，各村间有担涧公路相连，沟口有 109 国道通过，交通便利（图 2-1）。

第一节 樱桃沟小流域自然地理概况

一、地理位置

樱桃沟小流域位于东经 115°58′15″ ～ 116°04′11″，北纬 39°57′02″ ～ 40°05′02″，流域面积 41.9km²。樱桃沟是永定河左岸的一级支沟。

二、地质地貌

樱桃沟小流域为石质山地，是太行山山系的组成部分，最北端的妙峰山海拔 1 290.8m，是妙峰山镇的最高峰，也是门头沟区重要的旅游胜地。小流域出口的永定河谷，海拔仅130m，相对高差达 1 160.8m。樱桃沟小流域南侧为永定河，樱桃沟源于妙峰山，经涧沟、樱桃沟、南庄至担礼，汇入永定河，沟道长 14km，下游平均宽 50m，平均坡降 2.5%（图 2-2）。

在大地构造上，处于华北地区燕山沉降带中的西山凹陷上升褶皱区，岩石种类和风化产物类型比较复杂，主要岩石类型有石灰岩、安山岩等，樱桃沟小流域的上部为安山岩，下部及永定河两岸则以石灰岩为主。

三、气候特征

研究区属于中纬度大陆东岸季风气候，主要特点是：春季干旱多风、夏季炎热多雨、秋季凉爽湿润、冬季寒冷干燥。多年平均气温为 11℃。无霜期在 170 ～ 240 天，年平均降水量为 514.4mm，其中汛期平均降水量为 414.42mm，占全年降水量的 82.3%（图 2-3）。樱桃沟内雨季有季节性流水，目前在南庄以北修有 4 座塘坝，用以拦蓄地表水。

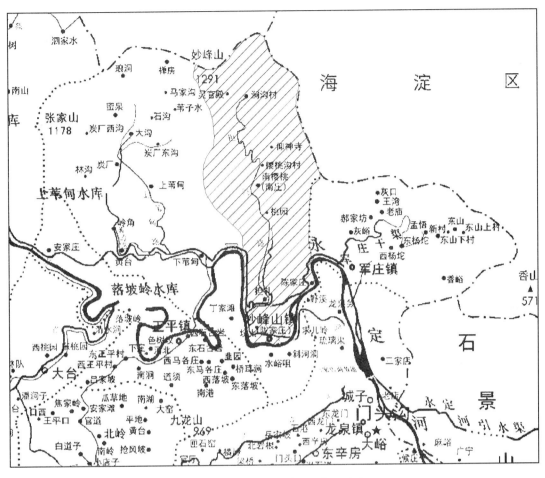

图 2-1 樱桃沟小流域地理位置示意

图 2-2 樱桃沟小流域地形地貌

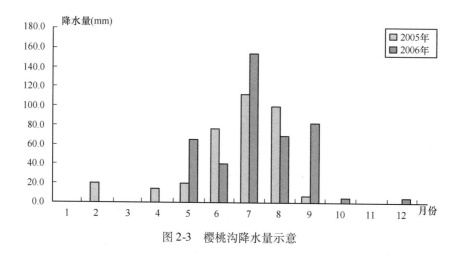

图2-3　樱桃沟降水量示意

四、植被类型

本流域内植被分布与海拔和坡向有关，海拔在800m以上的山坡主要以荆条、山杏、三亚绣线菊为主，草本以中亚狼尾草为主。植物生长茂盛，覆盖度平均在80%以上。其间分布着成片的天然次生林，主要以山杨为主，还有成片的人工林，主要以油松、落叶松为主。海拔1 200m的西大坨和海拔1 291m的妙峰山顶，以草本植物为主，分布有野蒿子、中亚狼尾草、羊胡子草等。海拔在800m以下的山坡，主要以荆条、酸枣、山杏为主，伴生树种有小叶鼠李等。阴坡有绣线菊和万花木分布。草本植物以中亚狼尾草、野蒿子为主。

五、社会经济概况

樱桃沟小流域内共有5个行政村，757户，1 659口人（其中劳动力1 087人），人口密度为39.6人/km²。山顶有妙峰山景区。主要经济支柱矿山企业近年陆续关闭，目前经济收益主要靠观光农业和开展生态旅游。流域内交通方便，沟边为去往妙峰山的担涧公路，并且治理沟道还与109国道和水担路相交界。

第二节　樱桃沟小流域生态涵养建设概况

为了加速被破坏生态系统的恢复，通过人工辅助措施为生态系统健康运转服务，进行生态系统的修复，提高生态涵养的功能。生态修复的提出，就是要调整人与自然的关系，以自然演化为主，进行人为引导，促进自然演替进程，遏制生态系统的退化，加速恢复地表植被覆盖，防止水土流失。

一、矿山废弃地生态修复

门头沟区水务局于2005年先期在樱桃沟小流域龙凤岭开展了废弃矿山生态修复的试验示范研究，在门头沟甚至北京市矿山生态修复中起到了积极的推进及引导作用。

（一）龙凤岭废弃采石场生态修复科技示范工程

龙凤岭废弃矿山生态修复区占地面积约为 10 000m²，分为开采面、开采平台及弃渣、周边植被稀疏区等 3 个区。通过生态修复，在短短 1 年的时间里，林草覆盖率就由原来的 15% 提高到了 60%，土壤侵蚀模数由原来的 2 800t/km²·a 下降至 300t/km²·a 以下，综合治理率达到 80%。示范区有效采取工程与生物技术相结合的方法，创新集成了一系列新技术，如植被毯铺植、植被恢复基材喷附、挂土工网 + 植被恢复基质喷附、生态植被袋防护、岩面垂直绿化、生态灌浆等技术模式，使矿区植被生态得到了快速恢复。

（二）担礼村杨岭矿山植被修复

项目区面积 14hm²，于 2006 年进行生态修复建设，生态植被修复工程应用一些新技术：包括将生态袋技术应用于无任何植被覆盖的坡度较陡边坡地段，通过用无纺布生态袋装土码砌柔性挡墙，并在坡面喷播植物种子进行绿化；利用土工格室结合喷播技术应用于坡度较缓的边坡，在处理坡面疏松浮土后，喷播种植土泥浆和植物种子绿化山体坡面；采用六棱花饰框格砖工程措施结合植物栽植方式实施综合护坡，在坡面较陡、稳定性较差的地段铺设框格砖并种植植物，起到保持水土、恢复植被覆盖的目的。

二、水土保持科技示范园建设

近些年国内外在水土流失防治方面取得了丰硕的成果，在水土流失防治技术方面积累了许多经验，为了能够直观、全面、科学地展示当前水土保持工作的新技术、新方法，指导、宣传展示各项水土保持生态修复治理技术，为北京市乃至全国水土保持工作起到试验示范的功能，门头沟区水土保持试验站在樱桃沟小流域的龙凤岭规划建设了水土保持科技示范园。总占地面积 1.2km²，整个园区在开展水土保持试验研究和示范工作的同时，促进了地方经济发展，将园区发展成为水土保持科学研究、教育宣传、生态观光的一个综合性试验示范园区。

在对国内外相关治理措施和技术予以消化和吸收的基础上，总结近年的水土保持工作经验，对目前水土保持工作中还急需解决的问题开展研究，设计各项水土保持试验示范内容，在某些方面以求突破创新。在各项治理技术的示范方面力求先进、全面、系统，在演示教育方面要求直观感性、形象逼真，在研究试验方面做到科学严谨，并有所创新突破。在科技示范园区建设的内容包括设置 19 个径流试验小区、人工降雨试验场、自动监控设施、气象站、人工增雨设施、坡面防护试验区、污水处理设施、废弃矿山植被恢复试验示范区、节水灌溉设施展区、生态景观建设、植物品种科普教育、农业观光采摘区等项目。

三、生态休闲与观光农业发展

由于地处西部生态涵养发展带，生态休闲与观光农业是社会经济发展的主导产业。樱桃沟小流域主要发展建设妙峰山景区、涧沟民俗村，发展樱桃、玫瑰等生态休闲和观光农业产业。

（一）妙峰山景区旅游发展

妙峰山风景名胜区是门头沟区"三山两寺"重要旅游景点之一，位于门头沟区妙峰山镇北部，北与昌平、东与海淀相邻，西倚太行山脉，南有永定河大峡谷萦绕。距市中心60km，面积20km²，海拔1 291m，是北京小西山风景区的一部分。妙峰山风景区内山势陡峭，花草清丽，有日出、晚霞、雾凇等时令景观，有"华北一绝"之桂冠的千亩玫瑰园，有华北地区规模最大的朝圣庙会，是北京周边最具文化底蕴的风景名胜区之一。由于交通条件的改善、配套设施的修建，景区生态环境的日趋优美，景区游客流量明显增大，对流域的生态旅游业发展起到积极的促进作用。

属于景区范围的涧沟村后山约有天然次生林数百亩，树种大部分为杨树、杂木林，树高在几十米以上，树龄几百年，此地风景优美、气候宜人，已经成为妙峰山景区的重要旅游资源。

（二）涧沟民俗村建设

涧沟村位于民俗文化发祥地妙峰山风景区脚下，村域面积10.79km²，全村共有216户，现有民俗旅游接待户90户，其中市级户10户。

涧沟村因位于3条山沟交汇处，明代称三叉涧，又名三岔涧，1943年更今名。该村紧邻妙峰山风景区，妙峰山是京郊游览胜地，吸引众多国内外游客前来观光、旅游、体验民俗风情、考察民俗文化，尤其庙会期间，游人更是摩肩接踵，络绎不绝。涧沟村是通往妙峰山的必经之路，得天独厚的地理位置，为发展旅游创造了有利条件。

涧沟村的多种土特产品，也对旅游业的发展起到了积极的促进作用。特产玫瑰花已有400多年的栽种历史，以朵大、味香、含油量高而久负盛名，被称为"华北一绝"。现种植面积已达5 000多亩，每年吸引众多游人前来观光、采摘。此处还有红果、核桃等土特产品。涧沟村利用这些土特产品搞观光采摘，开发了玫瑰酱、炒红果等旅游商品，满足了游客的多种需求。

涧沟村发展民俗旅游业，现已初具规模。全村有民俗旅游接待户90户，从业人员167人，2004年接待游人6 800人次，营业收入160万元。村领导高度重视民俗旅游业的发展，多方为村民创造条件。整治了村容村貌，硬化街道，修建花池、垃圾池、公厕，绿化美化，打造环境基础。加大旅游行业管理力度，成立自管协会，积极与工商、卫生等部门协调，集体为接待户办理工商执照，全村所有接待户均持证营业。定期聘请专业教师进行培训，讲授旅游接待、餐饮、安全等知识，为后继发展提供动力，涧沟民俗村的发展为小流域社会经济发展发挥了重要作用。

涧沟村深入挖掘民俗文化，旅游产业打民俗牌，餐饮和接待突出农家特色，品农家饭菜、住农家火炕，村委会还组织民间秧歌队，游人不仅可以欣赏纯正的民间秧歌，还可亲自参与其中，共娱共乐。

（三）樱桃产业发展

樱桃沟村地处京西生态旅游开发区"金顶妙峰山"脚下，全村四面环山，山谷中溪水长年不断，其丰富的自然植被构成了一幅独特的自然景观，是一处集名人古迹、樱桃采摘、民俗观光于一体的观光休闲度假民俗村。

由于该村所处的地理位置，海拔中等、气候温凉、昼夜温差较大、光照充足、温暖湿润的小气候非常适宜大樱桃的生长，形成的自然土壤含有极丰富的矿物质，生产出的大樱桃果实风味极佳。樱桃沟村目前可开发种植樱桃的面积 1 000 亩，从 1993 年开始建设，现在已发展至 1 000 亩，其中有 850 亩已进入盛果期，年产量 2 万 kg，年收入可达 500 多万元。樱桃沟村种植樱桃已有几百年的历史，樱桃沟村便由此得名。近几年来，随着农业产业结构的调整，引入了大樱桃栽培技术，积累了一定的经验，创出了自身的品牌，产品极佳的风味受到了各方人士的认可。并注册了商标"妙樱"，形成了稳定、特色的生态观光农业。

（四）玫瑰产业发展

玫瑰生态园地处涧沟村，海拔 1 291m，距市区 35km，交通便利，风景瑰丽。妙峰山地区自古以来就有种植玫瑰的农业传统，而且昼夜温差大，又地处妙峰山东南坡，光照充足的阳坡、半阳坡面积大，土层深厚肥沃，坡度较缓，此地的土壤、水质、气候条件等自然环境十分适宜玫瑰生长，出产的玫瑰具有花朵大、色彩艳丽、产量高、香味浓、出油率高（0.04% ~0.05%）等特点，在我国北方地区极为少见。在妙峰山海拔 800 米以上的台地、缓谷中，生长了大量玫瑰，特别是主峰东南的涧沟村一带尤为兴旺。妙峰山的玫瑰园面积达数百公顷，历史悠久。每年 6 月，玫瑰花开，漫山遍野的各色玫瑰娇艳浓烈，整个山谷如同一个温柔乡，飘溢出沁人的芳香。除了赏花外，游人还可以自行采摘玫瑰花，品尝玫瑰花晾干后冲泡的玫瑰茶，或者向当地花农讨教自制玫瑰酱的秘方。金顶妙峰山玫瑰节还特制了玫瑰食品可供游人购买品尝，比如玫瑰饼、玫瑰酱、玫瑰黄芩茶等金顶玫瑰为妙峰山增添景色。

近年来，在妙峰山旅游业的带动下，涧沟村的旅游产业也得到了较大的发展。为了更好地利用当地旅游资源，将原来单纯以出售鲜花为主的玫瑰种植产业发展为出售鲜花和旅游观光相结合的新型发展模式，成立了北京妙峰玫瑰种植专业合作社。将原来一家一户式单独经营的花农组织起来进行规模发展。专业合作社的成立不仅增加了产值，提高了花农的收益，更为今后涧沟村玫瑰种植业更好地发展奠定了基础。入社农户已达 200 余户，玫瑰花基地发展到 5 000 亩。

为了推进玫瑰种植的产业化，涧沟村不断完善合作社的经营机制。2006 年涧沟村积极引导土地经营权的"依法、自愿、合理、有偿"流转，既扩大农户经济效益，也为发展玫瑰种植业的规模化、集约化、产业化、现代化经营创造条件。玫瑰种植专业合作社创造了一种能够促进先进农业技术与农业产业化有机结合的有效机制，加快了农业科技由潜在生产力向现实生产力的转化，使农业发展真正转变到依靠科技进步和提高劳动者素质的轨道。

近两年，涧沟村加强了基础农业设施建设，在提高现代农业管理水平方面有了很大提高。长期以来，涧沟村玫瑰花种植都是靠天吃饭。尤其近几年当地降水量连年减少，严重影响玫瑰花生长。涧沟村玫瑰种植专业合作社着力解决灌溉问题，以发展节约型农业为目标，大力普及节水灌溉技术，争取实施农业示范工程。根据妙峰山地区山高路陡的地理条件和当地的实际情况，涧沟村购买了适应山区耕作的农机用具，切实提高耕地质量。以发展机械化作业为重点，充分发挥农机功能作用，并加强农机使用的管理。在加强农业生产的同时也在探索发展农产品加工业，拉长农业产业链条，提高农业综合经济效益，增加农民收入。涧沟村以市场为导向加大对玫瑰花产品开发力度的投入，争取尽快实现由农业资源性产品生产向初加工、精深加工产品生产的转变，尽快形成以玫瑰加工为主的产业优势和经济优势。同时，进一步引进新技术，替换改造旧设备提高农产品的储藏保鲜能力。

涧沟村大力发展玫瑰种植专业合作社具有重要意义，首先极大地提高了农民组织化水平，促进生产发展成为了农民增收致富的重要途径；其次，合作社还成为促进农业科技推广、培养新型农民、提高农民素质的重要渠道；第三，合作社还是实行民主管理、民主监督，培养农民民主意识、合作意识的有效场所；第四，发展合作社还有利于推动综合改革，更好地解决农业投入机制、土地规模经营、集体经济管理、农村基层组织建设等诸多问题。玫瑰种植合作社成立以来，通过对基础设施的投入和强化科学管理，玫瑰产量增加5 万～7.5 万 kg，产值增加到50 万～80 万元，花农的人均纯收入增加 2 000 元。随着合作社专业化程度的稳步提高，涧沟村的玫瑰种植产业规模、产值不断增强，生态景观效应日俱显著。

四、小流域水环境建设

（一）沟道水环境近自然建设

沟道水环境近自然式治理通过考虑目标沟道的地质、地形、水文条件、植物生长情况、生态环境需求以及施工材料费用、材料运输的难易程度等因素，要求各种技术措施在施工中对沟道生态系统干扰、影响最小，创造适宜沟道内水生生物生存的生态环境，形成物种丰富、结构合理、功能健全的沟道水生生态系统，从而达到人水和谐、人与自然和谐。

沟道治理的首要任务是沟域生态系统的维护与恢复，尤其是在山区沟道近自然治理中应保持沟域的自然风貌，恢复沟道生态功能，主要从沟道基底的清理整治、现有植被的保护、生态驳岸建设以及就地取材等方面来进行。并且在沟道水环境近自然建设中，采用膨润土防水毯减渗，在保证防水效果的同时，避免了传统防渗技术完全割裂地上与地下水之间有机联系的缺陷。

治理前樱桃沟内雨水资源综合利用率不高，没有充分利用水资源，未能与流域的经济发展目标定位相结合，严重地制约着流域内农业观光和生态民俗旅游的发展。可利用水源主要有天然降水、上游来水、村庄中水、地下水，耗水量主要为正常需水量、蒸发量、沟道下渗量。通过对项目可利用水源水量、项目需水量进行分析，确定雨洪集蓄设施设置。

在沟道改造和整治过程中，首先对项目区周围的植被群落采用样方法进行调查，了解项目区植被群落的组成。利用乡土植物适应性强、种苗易得、成本低、养护简单的优势，可以迅速形成有效的地表覆盖，并为植物群落的稳定和演替奠定基础。

亲水设计是沟道水环境近自然治理的重要内容。利用亲水平台和开敞的滨水空间，不仅可以使城市居民有机会亲水，而且通过趣味性的设计使人们有兴趣亲水。利用沟道植被的覆盖和自然生态要素，不仅创造自然的生态环境，而且满足人们享受自然的要求，利用地形和地势营造植物生长、水流变化、昆虫活动、水陆过渡等不同区域景观，实现亲水目的。

（二）沟道近自然水系景观建设

首先按照 20 年一遇洪水标准进行沟道过水断面设计，保证沟道行洪安全。

1. 沟道基底近自然建设

首先对沟道内生活垃圾进行清理，以保证沟道的清洁卫生和符合流域开展生态旅游的景观要求。同时增设垃圾集中堆放池，以便今后的生活垃圾能够集中妥善处理，防止对环境造成新的破坏。对沟道内现有的一些私搭乱建的临时建筑设施进行拆除，对沟道内部分无序农业垦殖用地进行清理退让，对沟道内原有不合理过往通道进行清理、调整，同时对造成沟道堵塞、行洪通道不畅的矿山开采弃渣、建筑垃圾和塌岸落石进行清理。

为了汛期排洪的需要，大多数已治理地段都进行了沟道拓宽，结果造成在非汛期，河水蒸发剧烈，大量的河滩地干枯、外露，严重影响了沟道生态系统的健康和两岸风景的美观，因此需进行沟底复式断面处理。在樱桃沟水环境近自然建设中，利用沟道内原有坑洼地，结合沟道内原有的大石，就地取材修建小型自然式雍水墙体，在沟道主要地段营建水面。在形成珍珠项链型水系空间的同时，也提供了水生生物栖息所需的空间。

2. 生态驳岸工程近自然建设

沟道两侧护岸采用沟道基底清理时所挖出的自然山石，由于沟道为自然的曲线，所以驳岸也是按照自然山石驳岸来砌筑，山石之间留有孔隙，并以土壤填充，形成点缀式种植空间，形成山石与喜水植物镶嵌的生态驳岸护坡形式，符合水环境近自然建设的特点。

（三）沟道近自然治理、雨洪集蓄利用

雨水收集利用主要包括村庄雨水、支沟雨洪利用和道路雨水利用。村庄内由于房屋、庭院、道路等建设，硬化比例相对较大，降水的土壤入渗相对减少、地表径流增大，充分利用村庄的地表雨水径流，导入景观水体以及雨洪集蓄利用设施，加以生态利用。项目区内沟道较多，支沟道径流水系直接汇流进入主沟内。而各支沟内分布有历史采矿点，雨水没有经过沉积，含有大量泥沙等物质，容易在主沟内淤积。道路系统是产生地表径流率特别大的部分，通过在道路地表径流汇集比较集中的部位设置拦水带、配置急流槽和导水通道，将道路雨水径流有序导入景观水体或其他雨洪集蓄利用设施。集蓄雨水设施主要是利用导流沟和汇流沟将支沟、村庄和道路所收集的可以利用的水源，导入沟道内现有低洼地蓄水，同时铺设膨润土防渗毯，形成浅潭，以提高水资源的综合利用效率，以及满足水环境景观建设的需要，部分浅潭处修建木桥、汀步、亲水平台等小品，满足人们亲水近水的需求。在南庄至桃园段，修建水循环设施，以满足此段的生态和景观用水。

（四）人水相亲休憩设施建设

樱桃沟流域内沟道一侧的担涧路是去往妙峰山景区的必经之路，流域内旅游资源丰富，但道路沿线相关设施不配套、景点不连贯等问题制约着流域生态经济的发展。

休憩空间周围以自然式的植物造景为主，回归一种自然与和谐，通过植物形态的渐变拼栽来强化视线的引导，立面上起到丰富景观层次的作用。部分有水靠近村庄的沟道地段，修建亲水平台，布置磨盘、石桌、石凳、草棚等农家小品，既丰富景观又方便人们休闲娱乐，使身临此处的游客们有返璞归真的放松舒适感。同时在游人步道上布置趣味小品。为了便于驾车参观游览、休憩观光的游客，根据现场空间设计停车港湾。结合停车港湾的功能，设置观景平台，便于停车观景。停车港湾与观景平台采用透水砖铺装，有利于水资源的利用。在修建停车港湾、观景平台地段，进行适度的植物补景，配置相应的小品、设施。

第三章 研究内容与技术途径

第一节 研究内容

研究内容分为6个方面。

小流域景观生态空间格局分析研究

通过对樱桃沟小流域生态景观格局动态变化的分析，了解近年来樱桃沟小流域生态建设与农业产业发展对景观生态的影响，指导樱桃沟小流域建立更加合理的生态农业产业格局，并优化、调整景观生态空间格局。

水资源承载力分析研究

通过对樱桃沟小流域进行地表、地下水资源调查分析，进行水资源供需分析和综合评价，对水资源的合理配置和产业发展布局进行预测和规划。

生态环境承载力分析研究

通过对樱桃沟小流域生态环境承载力的计算及其限制因子的分析，以生态环境承载力为依据，指导樱桃沟小流域生态建设的方向以及资源和产业的优化配置。

林灌植被效益评价研究

通过樱桃沟小流域林灌植被生态效益的调查，分析樱桃沟小流域林灌植被建设的生态效益，评价樱桃沟小流域生态植被建设的发展能力。

小流域农业观光产业发展评价研究

通过对樱桃沟小流域农业观光产业的调查，分析樱桃沟小流域生态观光休闲产业的发展水平，评价樱桃沟小流域生态观光产业的发展能力。

樱桃沟小流域生态涵养可持续性评价

通过构建科学、完整的小流域生态涵养与可持续发展指标体系，对樱桃沟小流域生态涵养与可持续发展水平进行横纵向的比较，以生态环境与水资源承载力为基础，对樱桃沟小流域的生态涵养功能和综合发展水平进行评价研究，并对樱桃沟小流域的发展做出预测和规划。

第二节 研究技术路线

通过对国内外相关资料和樱桃沟小流域基础资料的收集与分析，制定出樱桃沟小流域生态涵养与发展评价的研究方案，具体如下。

资源环境承载力分析：通过地表、地下水资源调查，采用模糊综合评判模型的方法对水资源承载力进行分析以及通过生态环境调查，采用模糊综合评判的方法对生态环境承载力进行分析；

生态休闲产业发展评价：通过林灌植被现状调查进行林灌植被效益评价以及通过农业观光园游客抽样调查进行农业观光产业发展评价；

景观生态格局空间分析：通过地面综合调查和 TM 遥感影像资料进行 LUCC 空间数据库分析；

生态涵养可持续发展评价预测：通过生态涵养评价指标体系的构建和灰色预测模型进行生态涵养发展综合评价和生态涵养可持续发展预测。

研究技术路线如图 3-1 所示。

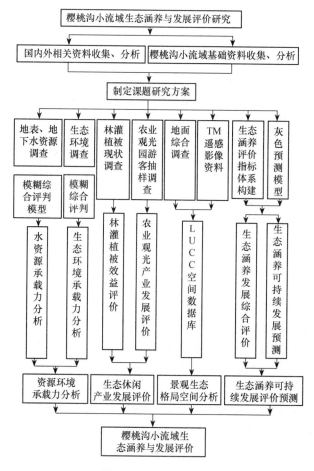

图 3-1　研究技术路线

第三节　研究方法

一、小流域景观生态空间格局分析研究

对研究区 2001、2005、2009 三年的 Landsat 5 TM 遥感数据，运用 Erdas Imagine 8.6、

ENVI 4.6.1、Arc GIS 9.2 等遥感图像处理与 GIS 软件，基于对遥感影像的边界裁定、几何校正、辐射校正等数据预处理，综合运用非监督分类、植被指数与波段比值计算、聚类分析、监督分类以及景观生态类型图叠加与整合等方法，最终完成小流域景观生态类型遥感解译与分类，得到 TM 影像并建立 DEM 数字高程模型、植被覆盖空间数据库和 LUCC 空间数据库；在樱桃沟小流域景观生态类型划分的基础上，分析樱桃沟小流域的景观格局动态，进而对近年来樱桃沟小流域生态建设与农业产业发展对景观生态的影响做出评价。

二、水资源承载力分析研究

（一）指标权重确定方法——层次分析法

水资源承载力是个复杂的系统概念，是多个指标综合作用的结果。各指标对承载力的贡献率不同，通过权重的大小差别来体现。根据各指标重要程度的不同赋予各指标不同的权重，才能客观、准确地反映区域水资源的承载力水平。

目前关于确定指标权重的方法有数十种之多。根据计算权重时数据来源的不同，可分为主观赋权法和客观赋权法两类。主观赋权法是指其原始评价数据由专家根据经验主观地确定，如古林法、Delphi 法和层次分析（AHP）法等。客观赋权法，其原始数据是根据各评价单元的数据得来的，包括离差最大化法、均方差法和主成分分析法等。单纯用客观赋权法对指标权重进行赋权时，容易出现偏差。赋予的权重与实际权重相悖，特别在对多层次、多目标的复杂系统处理时，由于各指标间关系十分复杂更容易出现这样的问题（王本德，2004）。

层次分析法虽然其数据源是由专家根据经验确定的，但是它通过对各指标的重要程度进行两两比较，用群体判断克服单一判断的主观偏好，进行群体综合，再以定量的形式给出准确的排序结果。层次分析法是一种主观和客观相结合的评价方法。

层次分析法是由 Saaty 教授在 20 世纪 70 年代提出的一种系统分析方法。它对每一层内的指标进行两两对比，并按其重要程度评定等级。b_{ij} 记为 i 指标比 j 指标的重要性等级，9 个重要性等级及其赋值见表 3-1。同时，比较的因子不能太多，一般来说，比较因子在 7 ± 2 范围内。

表 3-1　重要等级与赋值

序号	重要性等	b_{ij}赋值	序号	重要性等	b_{ij}赋值
1	i 和 j 两指标同样重要	1	6	i 指标比 j 指标不重要	1/3
2	i 指标比 j 指标稍重要	3	7	i 指标比 j 指标明显不重要	1/5
3	i 指标比 j 指标明显重要	5	8	i 指标比 j 指标强烈不重要	1/7
4	i 指标比 j 指标强烈重要	7	9	i 指标比 j 指标极端不重要	1/9
5	i 指标比 j 指标极端重要	9			

注：$b_{ij} = \{2, 4, 6, 8$ 和 $1/2, 1/4, 1/6, 1/8\}$ 表示重要性等级介于 $b_{ij} = \{1, 3, 5, 7, 9$ 和 $1/3, 1/5, 1/7, 1/9\}$ 相应值之间时的赋值。

按两两比较结果构成的矩阵 $B = [b_{ij}]_{n \times n}$。称作判断矩阵。易见 $b_{ij} > 0$、且 $b_{ij} = 1/b_{ji}$。衡量判断矩阵适当与否的标准是矩阵中的判断是否具有一致性，当判断矩阵满足

$$b_{ij} = b_{ik}/b_{jk} \qquad i, j, k = 1, 2, \cdots, n$$

则称具有完全一致性。此时，判断矩阵 $B = [b_{ij}]_{n \times n}$ 中，任意行（或列）均为任意指定行（或列）的正整数倍数。如果得到的比较矩阵是一致的，则可取对应于特征根 n 的归一化特征向量为权向量。

比较矩阵 B 中的元素 b_{ij} 表示指标 u_i 与指标 u_j 关于某评价目标的相对重要性程度之比的赋值（或估计值），这些赋值的来源由决策者提供。对于判断矩阵而言，理想的判断矩阵应该满足一致性条件。然而由于受评审人员知识水平和个人偏好的影响，现实的判断矩阵往往很难满足一致性条件，特别是当矩阵阶数 n 较大时，更是如此。因此，对于这种非一致性判断矩阵，为了保证其排序结果的可信度和准确性，还必须对其判断质量进行一致性检验。

若 n 阶判断矩阵 B 的最大特征值 $\lambda_{\max}$ 比 n 大得多，则 B 的不一致程度就越严重。相反 $\lambda_{\max}$ 越接近 n 时，B 的一致程度就越好。当判断矩阵不具有一致性时，相应的判断矩阵的特征值也将发生变化，因此，可以用判断矩阵特征值的变化来检查判断矩阵的一致性程度。衡量 B 的不一致程度的数量指标定义为 CI。

$$CI = \frac{\lambda_{\max} - n}{n - 1}$$

为了得到一组对不同阶数判断矩阵均适用的一致性检验的临界值，还必须考虑一致性与矩阵阶数的关系。事实上，判断矩阵的阶数越大，元素间两两比较判断的比例就越难达到一致性。例如，2 阶互反矩阵总是一致性矩阵，构造 3 阶判断矩阵也容易达到一致性，而对 7 阶互反矩阵需独立地给出两两比较判断的数据为 21 个 $[(n^2 - n)/2]$，这就很难使这 21 个判断达到一致性。因此，需要根据判断矩阵的阶数对一致性指标 CI 进行修正。为了找出衡量一致性指标的标准，$Saaty$ 提出了用平均随机一致性指标 RI 修正 CI 的方法。

平均随机一致性指标 RI 的计算过程如下：

① 对于固定的 n，从 1、2、…9 和 1/2、…1/9 中独立地随机抽取 $(n^2 - n)/2$ 个值，作为矩阵的上三角元素，主对角线元素自动取 1，下三角元素取上三角对称元素的倒数，由此可得随机正的互反矩阵 B'；

② 计算所得矩阵 B' 的一致性指标；

③ 重复上述步骤以得到足够数量的样本，计算 RI 的样本均值。样本容量为 1 000 的 RI 值结果见表 3-2。

表 3-2　样本容量为 1 000 时的 RI 值

阶数	2	3	4	5	6	7	8
RI 值	0	0.5149	0.8931	1.1185	1.2494	1.3450	1.4200

当矩阵阶数大于 2 时，将判断矩阵的一致性指标 CI 与同阶平均随机一致性指标 RI 之比称为随机一致性比率，并记为 CR。当

$$CR = \frac{CI}{RI} < 0.10$$

时，认为判断矩阵的不一致性可以接受。

通过邀请一些经验丰富的专家和相关方面的人员，比较指标间的重要程度，构造评价矩阵，确定樱桃沟水资源承载力评价指标的权重。

（二）评价方法

用于资源承载力以及水资源承载力评价的方法有很多，例如：背景分析法、多因素综合评价方法、多目标规划方法、多目标决策分析方法、生态环境模拟方法、系统分析方法、系统动力学方法与系统动力学仿真模型等。

背景分析法就是在一定历史时段内，将自然和社会背景相似的研究区域的实际情况做对比，推算对比区域可能的承载力。例如，将河西走廊石羊河流域与以色列全国的比较。背景分析法只采用一个或几个承载因子分析，因子之间相互独立，简单易行，但分析多局限于静态的历史背景，割裂了资源、社会、环境之间的相互作用和联系，对水资源承载能力这一复杂的自然-社会经济系统来说显得过于单薄。

最早将多目标决策分析技术引入承载能力分析的是澳大利亚学者 Millington。国家"九五"攻关项目"西北地区水资源合理开发利用与生态环境保护研究"也将多目标规划方法作为水资源优化配置的主要手段之一。多目标规划问题在求解技术上存在困难，因此难以全面考虑系统的影响因素。近些年，由于计算机技术的发展以及数学规划工具的日臻完善，分析人员可以将精力更加集中在模型建立、方案构成和目标选择上。但总的来说，在水资源承载力的研究中，多目标规划方法无论是在其规划目标的选定还是在资源-经济-生态内涵联系的描述上都存在一定的困难。

随着科学技术的飞速发展，近年来又有了很多新的方法，如系统动力学法（SD）以及其他系统动力学仿真模型。它是一种定性与定量相结合、决统综合与推理集成的方法。系统动力学法配有专门的 DYNAMO 软件，给模型的仿真、政策模拟带来了很大方便，可以较好地把握系统的各种反馈关系，适合于进行具有高阶次、非线性、多变量、多反馈、机理复杂和时变特征的承载力研究。用 SD 模型计算的水资源承载力不是简单地给出区域所能养活人口的上限，而是通过各种决策在模型上模拟，清晰地反映人口、资源、环境和发展之间的关系，可操作性较强。对提高水资源承载力的不同方案确定不同的变量输入值，通过仿真操作运算，得到不同发展方案下的水资源承载力仿真运算结果，包括 GDP、人口数、农业产值、化学耗氧量（COD）及可供水量等各种具体的水资源承载指标，通过对比分析来进行方案的比较选优。2000 年陈冰利用系统动力学方法，对柴达木盆地的水资源承载力建立了系统动力学仿真模型，通过该模型，对柴达木盆地 2020 年和 2050 年的水资源承载力以及承载人口进行了预测和分析，取得了较好的结果。

尽管当前对于水资源承载能力的计算方法很多，但均存在不同程度的不足。由于水资源系统本身的复杂性、随机性和模糊性以及影响水资源承载能力因素的多方面性、多层次性，要准确地评价水资源的承载力，还有待于更加深入的研究。

本研究运用水资源承载力综合评价模型——模糊数学评价法对樱桃沟小流域的水资源承载力进行分析评价。

区域水资源承载力是由多个评价指标组成的复杂大系统，从水资源可持续利用的角度来评价区域的可持续发展水平，包括了社会经济系统、自然环境系统、水资源系统，而且各子系统间又有着复杂的关系。由于各子系统内部及子系统之间的关系我们并不十分清楚，因此水资源承载力评价系统存在着模糊性，这种模糊性给我们解决问题带来很大的困难。

正如 Gogen 所说，"模糊性描述的不精确性并不是一件坏事，相反，倒是对复杂事物做出了高效率的判断和处理，也就是说，不确定性有助于提高效率"。本研究选用模糊综合评判（模糊多目标抉择）模型进行评价，使评价结果更具有可靠性和说服力。

在实际问题中，我们总要比较不同事物后再择优取用。如果仅仅考察单一因素，那么问题比较简单，只需分别赋予评价对象一个分数，依分数高低，便可排出对象的优劣次序。然而，同一事物往往需要用多个指标进行描述，有的指标还带有模糊性，人们对这类事物的评价，不是简单的"好"与"不好"，而是用模糊语言分别赋予不同程度的评语。在比较时，就必须兼顾到各个方面。在这种情况下要排出它们的次序，找出最优者，就需要综合考虑，进行模糊综合决策。区域水资源承载力综合评价属于比较复杂的系统，有多种评价指标，若要综合考虑这些指标对承载力进行综合评价，可以采用模糊综合决策（徐东川，2007；闵庆文，2004）。

运用模糊数学的评价方法综合评判区域水资源承载力（潘兴瑶等，2007），其原理为：设给定 2 个有限论域 $U = \{u_1, u_2, \cdots, u_n\}$ 和 $V = \{v_1, v_2, \cdots, v_m\}$，其中 U 代表综合评判的因素所组成的集合，$V$ 代表评语所组成的集合，则模糊综合评判为下列模糊变换。即

$$B = A \cdot R$$

式中，A 为 U 上的模糊子集，而评判结果 B 则为 V 上的模糊子集，并且可表示为 $A = \{a_1, a_2, \cdots, a_m\}$，$0 \leqslant a_i \leqslant 1$；$B = \{b_1, b_2, \cdots, b_n\}$，$0 \leqslant b_j \leqslant 1$。其中，$a_i$ 为 u_i 对 A 的隶属度，它表示单因素 u_i 评定等级的能力，而 b_j 则为等级 v_j 对综合评定所得模糊子集 B 的隶属度，它表示综合评判的结果（潘兴瑶等，2007）。

评判矩阵为：

$$R = \begin{vmatrix} r_{11} & r_{12} & \cdots & r_{1n} \\ r_{21} & r_{22} & \cdots & r_{2n} \\ \cdots & \cdots & \cdots & \cdots \\ \cdots & \cdots & \cdots & \cdots \\ r_{m1} & r_{m2} & \cdots & r_{mn} \end{vmatrix}$$

式中，r_{ij} 表示 u_i 的评价对等级 v_j 的隶属度，因而矩阵 R 中第 i 行 $R_i = (R_{i1}、R_{i2}、\cdots R_{in})$，即为对第 i 个因素 U_i 的单因素评判结果，评价计算中 $A = (a_1, a_2, \cdots, a_m)$ 代表了单因素对综合评判重要性的权系数，因此，满足 $\sum_{i=1}^{m} a_i = 1$，同时模糊变换也退化为矩阵计算（潘兴瑶等，2007），即：

$$b_j = min\{1, \sum_{j=1}^{n} a_i \cdot r_{ij}\}$$

模糊综合评判方法的关键是隶属度函数的确定，本次计算为了消除等级之间的跳跃现象，使函数在等级间平滑过渡，借鉴高彦眷等提出的隶属度函数构造方法，其思路如下：对于评价标准 V_3 级即中间区间，令其落在区间中点隶属度为 1，而落在区间两侧边缘点的隶属度为 0.5，中间点向两侧按线性递减处理。对于 V_1 和 V_5 两侧区间，则令其距离临界值越远，属两侧等级区间的隶属度越大，在临界值上则属于两侧各等级的隶属度各为 0.5。按这种设想，根据相对隶属函数定义，则可构造各评价等级相对隶属度函数。

（1）对于递增性指标，即随着指标实际值的增大，水资源承载力越大的指标。评语集

为 $V = (v_5, v_4, v_3, v_2, v_1) = （很强，较强，中等，较弱，很弱）$，各评价等级相对隶属度函数计算公式如下：

$$r_{v1}(u_i) = \begin{cases} 0.5\left(1 + \dfrac{u_i - k_1}{u_i - k_2}\right), u_i \geqslant k_1 \\[3mm] 0.5\left(1 + \dfrac{k_1 - u_i}{k_1 - k_2}\right), k_2 \leqslant u_i < k_1 \\[3mm] 0 \cdots\cdots\cdots\cdots u_i < k_2 \end{cases}$$

$$r_{v2}(u_i) = \begin{cases} 0.5\left(1 - \dfrac{u_i - k_1}{u_i - k_2}\right), u_i \geqslant k_1 \\[3mm] 0.5\left(1 + \dfrac{k_1 - u_i}{k_1 - k_2}\right), k_2 \leqslant u_i < k_1 \\[3mm] 0.5\left(1 + \dfrac{u_i - k_3}{k_2 - k_3}\right), k_3 \leqslant u_i < k_2 \\[3mm] 0.5\left(1 - \dfrac{k_3 - u_i}{k_3 - k_4}\right), k_4 \leqslant u_i < k_3 \\[3mm] 0 \cdots\cdots\cdots\cdots u_i < k_7 \end{cases}$$

$$r_{v3}(u_i) = \begin{cases} 0, \cdots\cdots\cdots\cdots u_i \geqslant k_2 \\[3mm] 0.5\left(1 - \dfrac{u_i - k_3}{k_2 - k_3}\right), k_3 \leqslant u_i < k_2 \\[3mm] 0.5\left(1 + \dfrac{k_3 - u_i}{k_3 - k_4}\right), k_4 \leqslant u_i < k_3 \\[3mm] 0.5\left(1 + \dfrac{u_i - k_5}{k_4 - k_5}\right), k_5 \leqslant u_i < k_4 \\[3mm] 0.5\left(1 - \dfrac{k_5 - u_i}{k_5 - k_6}\right), k_6 \leqslant u_i < k_5 \\[3mm] 0, \cdots\cdots\cdots\cdots u_i < k_6 \end{cases}$$

$$r_{v4}(u_i) = \begin{cases} 0, \cdots\cdots\cdots\cdots u_i \geqslant k_4 \\[3mm] 0.5\left(1 - \dfrac{u_i - k_5}{k_4 - k_5}\right), k_5 \leqslant u_i < k_4 \\[3mm] 0.5\left(1 + \dfrac{k_5 - u_i}{k_5 - k_6}\right), k_6 \leqslant u_i < k_5 \\[3mm] 0.5\left(1 + \dfrac{u_i - k_7}{k_6 - k_7}\right), k_7 \leqslant u_i < k_6 \\[3mm] 0.5\left(1 - \dfrac{k_7 - u_i}{k_6 - u_i}\right), u_i < k_7 \end{cases}$$

$$r_{v5}(u_i) = \begin{cases} 0, \cdots\cdots\cdots\cdots\cdots\cdots u_i \geqslant k_6 \\ 0.5\left(1 - \dfrac{u_i - k_7}{k_6 - k_7}\right), k_7 \leqslant u_i < k_6 \\ 0.5\left(1 + \dfrac{k_7 - u_i}{k_6 - u_i}\right), u_i < k_7 \end{cases}$$

（2）对于递减型指标，即随指标实际值增大，对水资源承载力的贡献越小。它们的评语集 $V = (v_1, v_2, v_3, v_4, v_5) = $（很强，较强，中等，较弱，很弱），则各评价等级相对隶属度函数计算公式如下：

$$r_{v1}(u_i) = \begin{cases} 0.5\left(1 + \dfrac{k_1 - u_i}{k_2 - u_i}\right), u_i \leqslant k_1 \\ 0.5\left(1 - \dfrac{u_i - k_1}{k_2 - k_1}\right), k_1 \leqslant u_i < k_2 \\ 0 \cdots\cdots\cdots\cdots\cdots u_i > k_2 \end{cases}$$

$$r_{v2}(u_i) = \begin{cases} 0.5\left(1 - \dfrac{k_1 - u_i}{k_2 - u_i}\right), u_i < k_1 \\ 0.5\left(1 + \dfrac{u_i - k_1}{k_2 - k_1}\right), k_1 \leqslant u_i < k_2 \\ 0.5\left(1 + \dfrac{k_3 - u_i}{k_3 - k_2}\right), k_2 \leqslant u_i < k_3 \\ 0.5\left(1 - \dfrac{u_i - k_3}{k_4 - k_3}\right), k_3 \leqslant u_i < k_4 \\ 0 \cdots\cdots\cdots\cdots\cdots u_i < k_4 \end{cases}$$

$$r_{v3}(u_i) = \begin{cases} 0, \cdots\cdots\cdots\cdots\cdots\cdots u_i < k_2 \\ 0.5\left(1 - \dfrac{k_3 - u_i}{k_3 - k_2}\right), k_2 \leqslant u_i < k_3 \\ 0.5\left(1 + \dfrac{u_i - k_3}{k_4 - k_3}\right), k_3 \leqslant u_i < k_4 \\ 0.5\left(1 + \dfrac{k_5 - u_i}{k_5 - k_4}\right), k_4 \leqslant u_i < k_5 \\ 0.5\left(1 - \dfrac{u_i - k_5}{k_6 - k_5}\right), k_5 \leqslant u_i < k_6 \\ 0, \cdots\cdots\cdots\cdots\cdots u_i \geqslant k_6 \end{cases}$$

$$r_{v4}(u_i) = \begin{cases} 0, \cdots\cdots\cdots\cdots\cdots u_i < k_4 \\ 0.5\left(1 - \dfrac{k_5 - u_i}{k_5 - k_4}\right), k_4 \leqslant u_i < k_5 \\ 0.5\left(1 + \dfrac{u_i - k_5}{k_6 - k_5}\right), k_5 \leqslant u_i < k_6 \\ 0.5\left(1 + \dfrac{k_7 - u_i}{k_7 - k_6}\right), k_6 \leqslant u_i < k_7 \\ 0.5\left(1 - \dfrac{u_i - k_7}{u_i - k_6}\right), u_i \geqslant k_7 \end{cases}$$

$$r_{v5}(u_i) = \begin{cases} 0, \cdots\cdots\cdots\cdots\cdots u_i < k_6 \\ 0.5\left(1 - \dfrac{k_7 - u_i}{k_7 - k_6}\right), k_6 \leqslant u_i < k_7 \\ 0.5\left(1 + \dfrac{u_i - k_7}{u_i - k_6}\right), u_i \geqslant k_7 \end{cases}$$

式中，k_1、k_3、k_5、k_7 分别是 v_1 与 v_2、v_2 与 v_3、v_3 与 v_4、v_4 与 v_5 等级别对应区间的临界值；k_2、k_4、k_6 分别为 v_2、v_3、v_4 等区间的中点值，即 $k_2 = (k_1 + k_3) / 2$、$k_4 = (k_3 + k_5) / 2$、$k_6 = (k_5 + k_7) / 2$。

在水资源承载力评价研究中，根据前面已经建立的评价指标体系，考虑到评价因素较多的实际情况，为了能全面评价所选指标对总目标的影响情况，在矩阵合成运算中，对一、二级评判采用加权平均的方法进行计算，这样不至于引起信息太多的丢失，最后，利用最大隶属度判别准则得到最终的结果。

三、生态环境承载力分析研究

（一）评价方法

对于承载力的量化，国内外提出了许多直观的、较易操作的定量评价方法及模式。

1. 生态足迹分析法

生态足迹分析法（Ecological Footprint Analysis）是 1992 年加拿大生态经济学家 William Rees 和其博士生 Wackernagel 提出的一种度量可持续发展程度的生物物理方法，即基于土地面积的量化指标。其定义为：任何已知人口的生态足迹是生产这些人口所消费的所有资源和吸纳这些人口所产生的所有废弃物所需要的生物生产土地的总面积和水资源量。生态足迹分析法从需求面计算生态足迹的大小，从供给面计算生态承载力的大小，经对二者的比较，评价研究对象的可持续发展状况。生态足迹计算模型：任何个人或区域人口的生态足迹，应该是生产这些人口所消费的所有资源和吸纳这些人口所产生的废弃物而需要的生态生产性土地的面积总和（石月珍等，2005；高吉喜，2001；徐中民等，2001）。在计算中，不同的资源和能源消费类型均被折算为耕地、林地、草地、建筑用地、化石燃料用地和水域 6 种生物生产土地面积类型（这 6 种土地类型在空间上被假设是互斥的）。考虑到

6类土地面积的生态生产力不同,因此将计算得到的各类土地面积乘以一个均衡因子。生态足迹分析法从一个全新的角度考虑人类及其发展与生态环境的关系,通过跟踪区域能源与资源消费,将它们转化为这种物质流所必需的各种生物生产土地的面积,即人类的生物生产面积需求。在计算生态足迹的思路上,将现有的耕地、牧地、林地、建筑用地、海洋面积乘以相应的均衡因子和当地的产量因子,就可以得到生态承载力。为了便于直接对比,将不同国家或地区的某类生物生产面积所代表的局部产量与世界平均产量的差异进行对比,即"产量因子"来调整。出于谨慎性考虑,在生态承载力计算时,还应扣除12%的生物多样性保护面积。计算公式如下:

$$EF = \sum_{i=1}^{n} w_i(cc_i) = \sum_{i=1}^{n} (ac_i/p_i)$$

$$EC = \sum_{i=1}^{n} w_i(ep_i) = \sum_{i=1}^{n} (ae_i/p_i)$$

其中, EF 为某一地区的生态足迹总量; EC 为地区生态承载力供给。 i 为消费商品或生产生物的类型; cc_i 为第 i 种消费商品的生产足迹; ac_i 为第 i 种消费商品的消费总量; p_i 为第 i 种商品的生物生产单位面积产量; ep_i 为第 i 种生物资源的生产足迹; ae_i 为第 i 种资源生物生产总量; w_i 为第 i 种消费品或生物资源土地类型生产力权值。

生态足迹分析法是近年来提出并应用于评价生态承载力的一种新方法,得到众多学者的肯定和采用。生态足迹的概念于1999年引入我国,杨开忠和张志强等分别介绍了生态足迹的理论、方法和概念及计算模型;徐中民等计算了甘肃省1998年的生态足迹;陈东景等分析了中国西北地区的生态足迹;张志强等对中国西部12省(自治区)的生态足迹进行了研究分析;徐中民对甘肃张掖地区1995年的生态足迹进行研究。上述研究多侧重于理论和方法的介绍,并以某一年的断面资料进行分析,尚未进行更系统动态的研究。如徐中民等对张掖地区1995年的生态足迹研究结果是人均生态足迹赤字0.34hm²,但从哪一时段开始出现生态赤字的并未研究。此方法直观、简便但多侧重于理论和方法的介绍,有一定的局限性,一般以某一年或特定几年的断面资料进行分析,缺少系统动态的研究,计算中缺少处理可降解物质的生物生产面积和由于水资源所造成的附加生态足迹面积,所以计算结果是乐观的最小值(徐中民等,2001;白洪,2006)。

2. 自然植被净第一性生产力测算法

植被净第一性生产力是植物自身生物学特性与外界环境因子相互作用的结果,它是评价生态系统结构与功能特征和生物圈的人口承载力的重要指标,它反映了某一自然体系的恢复能力。地区性乃至世界性生物生产力及其空间分布的知识,能使人类从宏观区域上做出如下估计:潜在的粮食资源的地理分布,人为提高区域性生产力水平的限度,不同国家和地区可能和现实的生产力水平,即区域生态系统的最大容纳量等。虽然生态承载力受众多因素和不同时空条件制约,但是,特定生态区域内第一性生产者的生产能力是在一个中心位置上下波动,而这个生产能力是可以被测定的。同时与背景数据进行比较,偏离中心位置的某一数值可视为生态承载力的阈值,这种偏离一般是由于内外干扰使某一等级自然体系变化为另一等级自然体系,如由绿洲衰退为荒漠,由荒漠改造成绿洲。因此,可以通过对自然植被净第一性生产力的估测确定该区域生态承载力的指示值，而通过实测，判定现状生态环境质量偏离本底数据的程度，以此作为自然体系生态承载力的指示值，并据此确定区域的开发类型和强度。由于对各种调控因子的侧重及对净第一性生产力调控机理解释的不同，世界上产生了很多模拟第一性生产力的模型，大致可分为3类：气候统计模型、过程模型和光能利用率模型。我国的净第一性生产力研究起步较晚，研究过程中一般采用气候统计模型。国内应用较多的模型是采用周广胜、张新时根据水热平衡联系方程及植物的生理生态特点建立的自然植被的净第一性生产力模型，即：

$$NPP = RDI^2 \frac{r(1 + RDI + RDI^2)}{(1 + RDI)(1 + RDI^2)} exp^{-\sqrt{9.87 + 6.25RDI}}$$

$$RDI = (0.629 + 0.237PER - 0.0031PER^2)^2$$

$$PER = \frac{PET}{r} = 58.93 \times \frac{BT}{r}$$

$$BT = \frac{\sum t}{365}$$

$$BT = \frac{\sum T}{12}$$

式中：NPP 为自然植被的净第一性生产力 $[t/(hm^2 \cdot a)]$；RDI 为辐射干燥度；r 为年降水量（mm）；PER 为可能蒸散率；PET 为可能蒸散量（mm）；BT 为年平均生物温度（℃）；t 为小于30℃与大于0℃的日均值；T 为小于30℃与大于0℃的月均值。

王家骥、姚小红等以黑河流域为例，认为利用自然植被的净第一性生产力数据可以反映自然体系的生产能力和受内外干扰后的恢复能力，是自然体系生态完整性维护的指示。李金海分析了大陆典型生态系统净第一性生产力的背景值，研究了确定自然系统最优生态承载力的依据，并提出了提高区域生态承载力、实现区域可持续发展基本对策，并据此计算了河北丰宁县的生态承载力（石月珍等，2005；王家骥等，2000；陈玄，2007）。

3. 供需平衡法

供需平衡法又叫资源与需求的差量法。区域生态承载力体现了一定时期、一定区域的生态环境系统，对区域社会经济发展和人类各种需求（生存需求、发展需求和享乐需求）在量（各种资源量）与质（生态环境质量）方面的满足程度。因此，衡量区域生态环境承载力可以从该地区现有的各种资源量（P_i）与当前发展模式下社会经济对各种资源的需求量（Q_i）之间的差量关系 $[如 (P_i - Q_i)/Q_i]$，以及该地区现有的生态环境质量与当前人们所需求的生态环境质量之间的差量关系入手。如果该差值大于0，表明研究区域的生态承载力在可承载范围内；该差值等于0，表明研究区域的生态承载处于临界状态；该差值小于0，表明研究区域的生态承载力超载。该方法需要建立一套指标体系，包括社会经济系统类和生态环境系统类（包括环境资源与环境质量）指标。该方法只能根据人口变化曲线求出未来年的人口数，然后分别计算其需求量，判断该值是否在研究区域的承载力范围之内，而不能计算出未来年的确切承载力值。该方法并不能表现出研究区域内的社会经济发展状况以及人类的生活水平。结合完整的指标体系，依据这种差量度量评价方法，王中根等人对西北干旱区河流进行了生态承载力评价分析，证明此方法能够简单、可行地对区域生态承载力进行有效地分析和预测（石月珍等，2005；王中根等，1999）。

4. 状态空间法

所谓状态空间法，本质上是一种时域分析方法，它不仅描述了系统的外部特征，而且揭示了系统的内部状态和性能。状态空间是欧式几何空间用于定量描述系统状态的一种有效方法，通常由表示系统各要素状态向量的三维状态空间轴组成。在研究生态承载力时，三维状态空间轴分别代表人口、经济社会活动、区域资源环境，空间中的点为承载状态点，不同的点表示不同情况下的承载状态。利用状态空间法中的承载状态点，可表示一定时间尺度内区域的不同承载状况。利用状态空间中的原点同系统状态点所构成的矢量模数表示区域承载力的大小。由承载状态点构成承载曲面，高于承载曲面的点表示超载，低于承载曲面的点表示可载，在承载曲面上的点表示满载。应用状态空间法可以定量的描述和测度区域承载力及其承载状态。近年来，状态空间法逐步推广并成功地运用到军事、生物医学、社会经济及人类生活等诸多领域，并且有广阔的发展前景（石月珍等，2005）。

5. 综合评价法

高吉喜认为承载力概念可通俗地理解为承载媒体对承载对象的支持能力。如果要想确定一个特定生态系统承载情况，必须首先知道承载媒体的客观承载能力大小以及被承载对象的压力大小，然后才可了解该生态系统是否超载或低载。所以，生态系统的承载状况可通过生态承载指数、压力指数和承载压力度量化情况来反映。

（1）生态承载指数与压力指数表达式

① 生态系统承载指数

根据生态承载力定义，生态承载力的支持能力大小取决于生态弹性能力、资源承载能力和环境承载能力3个方面，因此生态承载指数也相应地从这3个方面确定，分别称为生态弹性指数、资源承载指数和环境承载指数。

（a）生态弹性度指数

表达模式：

$$CSI^{eco} = \sum_{i=1}^{n} S_i^{eco} \times W_i^{eco}$$

式中：S_i^{eco}——生态系统特征要素：分别代表地形、地貌、土壤、植被、气候和水文五要素；W_i^{eco}——要素 i 相对应的权重值，$n = 5$。

（b）资源承载指数

表达模式：选择影响地区发展的主要因素：土地资源、水资源、矿产资源和旅游资源等，所以在通常情况下，资源承载指数可表达为：

$$CSI^{res} = \sum_{i=1}^{n} S_i^{res} \times W_i^{res}$$

式中：S_i^{res}——资源组成要素；$n = 1，2 \cdots 4$，分别代表土地资源、水资源、旅游资源和矿产资源；W_i^{res}——要素 i 相对应的权重。

（c）环境承载指数

表达模式：环境承载力包括水环境、大气环境和土壤环境三部分，因此环境承载指数可表达为：

$$CSI^{rev} = \sum_{i=1}^{n} S_i^{rev} \times W_i^{rev}$$

式中：S_i^{rev}——环境组成要素；$n = 1$，2，3，分别代表水环境、大气环境和土壤环境；W_i^{rev}——要素 i 的相应权重。

② 生态系统压力指数

对人类生态系统而言，因为生态系统的最终承载对象是具有一定生活质量的人口数量，所以生态系统压力指数可通过承载的人口数量和相应的生活质量来反映人口数量越多、生活质量越高，承载压力就越大。

所以压力指数可表达为：

$$CPP^{pop} = \sum_{i=1}^{n} P_i^{pop} \times W_i^{pop}$$

式中：CPP^{pop}——以人口表示的压力指数；P_i^{pop}——不同类群人口数量；W_i^{pop}——相应类群人口的生活质量权重值。

（2）生态系统承载压力度

表达模式为：

$$CCPS = \frac{CCP}{CCS}$$

式中：CCS 和 CCP 分别为生态系统中支持要素的支持能力大小和相应压力要素的压力大小。

模式中关键是承载各分量及权重值的确定。权重的确定：应用层次分析法（AHP）来建立承载指数层次结构模型并计算权重。分值的确定：可根据已有的标准来进行确定，对没有标准的，可以理想值或目标期望值作为参照标准，标准值记为 100 分，其它的根据与标准值的比值来计算确定，公式为：

$$C_i = \frac{F_i}{F_o} \times 100$$

式中：C_i——i 因子的分值；F_i——实际测量值或出现值；F_o——标准值、目标值或理想值。

（二）评价方法的选取

根据生态承载力的演化及发展，综合比较生态足迹法、自然植被第一性生产力测算法、供需平衡法、状态空间法、综合评价法 5 种方法，其共同的特点都是在以人类为中心的前提之下来思考和解决问题的，由于承载媒体与承载对象关系非常复杂，如果关注的只是以人作为最终的承载对象来分析整个生态系统的承载能力，这在实际上势必会缩小承载媒体的服务范围，从而降低承载媒体实际所受的承载压力。上述几种生态承载力计算方法，各有长短。

自然植被净第一性生产力测算法，方法可行，但未能反映生态环境所能承受的人类各种社会经济活动能力；供需平衡法，思路清晰、方法简便，但不能反映区域内社会经济状况及人民生活水平；状态空间法，较准确地判断了某区域某时间段的承载力状况，但计算较困难，构建承载力曲面较困难，所需资料也较多；生态足迹分析法以其理论上、应用上的优势，在评价人类对生态系统的影响方面有独特之处，但该方法是基于静态分析且具有生态偏向性，只注重于区域的生态可持续发展，而对区域社会子系统、经济子系统的可持续发展并没有作进一步的评判，总之，生态足迹分析还处于不断完善阶段；相比而言高吉喜提出的生态承载力综合判定模式与评价方法则相对优于其他4种方法，主要在于该方法采用分级评价与综合评价相结合的办法，使评价结果更明了、准确，更有针对性，也更有利于可持续性调控（石月珍，2005）。

四、林灌植被效益评价研究

从林木和果品效益的角度出发，评价分析樱桃沟小流域灌草植被的直接经济效益；从林灌植被的水资源保护价值、土壤保育价值和固碳制氧价值方面评价林灌植被的生态效益；从区域经济发展和人均收入水平出发估算评价出樱桃沟小流域灌草植被的经济和社会效益。

五、小流域农业观光产业发展与评价研究

条件价值评估法（Contingent Valuation Method，CVM）和旅游成本法（Travel Cost Method，TCM）是衡量环境资源的非市场价值应用最多的两种方法。CVM通过问卷设计，模拟交易市场，直接询问消费者对景观资源品质改善及保存所愿支付的最高金额。理论上，CVM是评估稀缺公共物品或服务价值的优越方法，其简单、灵活，被广泛应用于成本效益分析和环境价值评估，可同时评估资源的使用价值和非市场价值。但CVM基于假设条件的问题安排，调查结果取决于受访者如何理解环境变化可能对自身的影响及为此付诸的行动，而非真实状况下所得到的反应。因此，CVM产生以来就因其调查结果的可靠性和有效性、各种各样的偏差和错误的处理效果，在学术界存在颇多争议。而TCM是根据消费者对农地景观的实际需求行为，推估旅游人次与旅游成本的关系，间接得出保存农地景观的价值。与CVM方法相比较，TCM属事后评估方法，仅能在现实交易资料的基础上揭示当期资源的使用价值，难以包含资源因素，未来供给及需求的不确定性影响所具有的选择价值和存在价值。两种方法各有优缺。课题中应用CVM评估农业观光园农地景观的存在价值，应用TCM评估农地景观的游憩价值，较为全面地估算农业观光园的非市场价值。

文中利用MICOFIT软件对数据进行处理、回归分析，得到各因素对农业观光园产业的影响关系，找到拟合度，算出相应经济效益，估算农业观光园现有及潜在经济价值。

（一）条件价值评估法（CVM）

CVM是利用效用最大化原理，采用问卷调查，通过模拟市场来揭示消费者对环境物品和服务的偏好，并推导消费者的支付意愿，最终得到公共物品非利用经济价值的一种研究方法。资源经济学家Criacy-Wantrup 60年前第一次提出CVM的基本思想，认为可以采用直接访问的方式了解人们对公共物品的支付意愿。1963年，Davis应用CVM研究林地宿营、狩猎的游憩价值，首次将CVM付诸实证。随后Randall、Ives和Eastmand进一步阐释

CVM 的理论优点和特性，CVM 逐渐地被广泛用于评估自然资源的休憩娱乐、狩猎和美学效益的经济价值。经过半个世纪的发展，CVM 的调查和分析手段日臻完善，已成为评价非市场环境物品与资源经济价值最常用和最有用的分析工具，应用领域涵盖所有可替代公共物品的效益评估。国内外应用 CVM 评估农地资源非市场价值的案例较多，例如 Drake 1986 年曾用 CVM 评估瑞典度假村景观的非市场价值，评估出农地景观每年的非市场价值在 975 克朗/hm^2（折合 140 欧元/hm^2）。1991 年 Pruckner 对到奥地利旅行的 4 600 位游客进行随机抽样，游客对农地景观的最高支付意愿均值和中值分别为 9 120 和 3 150 先令；相关经验研究均证实为保护农地资源能够长期存在，人们愿意预先牺牲一定的物质需求或付出一定的物质代价。但 CVM 基于假想市场，对于农地非市场价值的评估存在较多偏差，并且作为事前估计得到的只是一种近似值，甚至可能低估农地真实的非市场价值。

（二）旅游成本法（TCM）

TCM 将旅行费用作为替代物衡量人们对旅游景点或户外娱乐场所的评价，在环境资源的游憩价值评估中应用较为广泛。作为最古老的非市场价值评估技术，TCM 最早可追溯到 1949 年，Hotelling 使用旅行成本作为价格的替代变量对户外娱乐场所的需求行为进行经济分析，随后 TCM 的理论体系得到 Wood 和 Trice（1958）、Clawson 和 Knetsch（1966）的进一步拓展，目前已普遍应用于国家公园、湿地、自然保护区等户外旅游景点的效益评估。国内外一些学者也针对农地提供景观舒适性及开敞空间的多重功能进行实证研究，估算农地带给当地居民及观光游客的难以通过市场配置的非市场价值，但由于休闲农业及观光农业市场起步较晚，为此研究相对较少。随着休闲农业、观光农业的蓬勃兴起，应用 TCM 评估农地资源的游憩价值将会有广阔前景。

TCM 将旅行成本作为参观户外娱乐场所价格的近似，由此推导出参观人次和参观成本之间的统计关系，并以此替代需求曲线（Surrogate Demand Curve），通过对需求曲线下方的积分可估算出观光市场的消费者剩余，从而实现对环境的评价。在实际应用及发展过程中，TCM 逐渐形成区域旅游成本法（Zonal Travel Cost Method，ZTCM）和个人旅行成本（Individual Travel Cost Method，ITCM）两种基本模型。文中我们评估农地游憩价值应用的是区域旅游成本法（ZTCM）。

六、樱桃沟小流域生态涵养可持续性评价

（一）评价方法

可持续发展评价是一个多指标多层次系统评价问题。指标的合成是通过一定的算法，将多个指标对事物不同方面的评价值综合得到的一个整体性的评价。

小流域可持续发展是一个动态过程，其可持续发展的量性指标和质性指标具有时间、空间、层系、数量等特点与功能。多指标的综合评价方法主要有专家评价法、综合评分法、优序法、多目标决策方法、AHP 方法、模糊综合评判、可能满意度、主成分分析法等多种方法。

层次分析法是采用综合咨询评分的定性方法。这类方法因受到人为因素的影响，往往会夸大或降低某些指标的作用，致使排序的结果不能完全真实地反映事物间的现实关系。主成分分析法根据各指标间的相关关系或各项指标值的变异程度来确定权重，避免由于人为因素带来的偏差，在将原始变量转变为主成分的过程中，同时形成了反映主成分和指标

包含信息量的权重，以计算综合评价值。这样在指标权重选择上克服了主观因素的影响，客观地反映了样本间的现实关系。

1. 层次分析法

层次分析法（Analytic Hierarchy Process，简称 AHP 法）是规划决策的有效工具，是由 T. L. Seaty 于 20 世纪 70 年代中期研究出来的。层次分析法作为一种决策过程，提供了一种表示决策因素（尤其是社会经济因素）测度的基本方法。这种方法采用相对标度的形式，并充分利用了人的经验和判断能力。

层次分析法的基本原理：是在递阶层次结构下，根据所规定的相对标度，依靠决策者的判断，对同一层次有关因素的相对重要性进行两两比较，并按层次从上到下合成方案对于决策目标的测度。这个测度的最终结果是以方案的相对重要性的权重表示的。

这种测度统一了有形与无形、可定量与不可定量的众多因素。它不仅可以作为决策的依据，而且也是解决许多社会经济系统问题的重要手段。正是这些特点使 AHP 在处理社会经济系统问题中显示了强大的生命力。它既采用具有适应环境变化的灵活性的"相对标度"，同时又充分利用了专家的经验和判断，并能对其误差作出估计，那么就能比较好的解决社会经济系统的决策问题。

2. 主成分分析法

主成分分析方法（Principal Component Analysis，简称 PCA）是多元统计分析中一种重要的方法，是通过多个指标的线性组合，能将众多的具有错综复杂相关关系的一系列指标归结为少数几个综合指标（即主成分），既能使各主成分相互独立，舍去重叠的信息，又能更集中更典型地表明研究对象的特征，还能避免大量的重复工作。

主成分分析原理：线性变换实质上是一种坐标变换。利用线性变换的思想，可以通过坐标变换从原有特征得到一批个数相同的新特征，新特征集合包含了原有各特征的信息，且这些新特征中的某几个可能包含了原有特征中的主要信息。因此，保留几个包含主要信息的特征作为近似系统识别的新特征，可达到减少特征个数的目的，实现系统识别特征简化，这就是主成分分析的思想。

3. 层次分析－主成分分析法

层次分析法通过把复杂的多目标问题层次化，建立多层次的分析结构，变复杂化为简单化和条理化，并采用两两比较的方法得到各指标在总目标的权重，解决了定性指标难以度量、比较、最终作出评价的困难，但由于层次分析法一方面难以考虑指标间的相互关系，另一方面也不易指出影响评价结果的主要指标。为了弥补这一缺陷，在引入层次分析法的同时也引进了主成分分析法。因为主成分分析法利用多元统计方法，以针对某一地区不同时间的可持续发展程度的差别（方差）为依据，差异越大，该指标在综合评价中的作用越大，从而能指出影响评价结果的主要因素。

（二）评价方法的选取

本文采用的这种将层次分析和主成分分析结合起来的方法称为层次分析－主成分分析

组合评价方法，简称层次－主成分分析法。该模型的基本思路为应用层次分析法进行定性指标定量化和体现指标间重要程度的差异，应用主成分分析法对不同年份的可持续发展程度进行综合评价。

这种方法兼顾了层次分析法与主成分分析法的优点，避免了层次分析法中由于人为因素带来的偏差，也解决了主成分分析法中由于变量过多、难于比较的缺点，使评价结果更全面，更符合客观实际。

1. 层次分析法的步骤

（1）递阶层次结构的建立　构造出一个层次分析的结构模型。在这个结构模型下，首先，把复杂问题分解成称之为元素的各组成部分，把这些元素按属性统分为若干组，以形成不同层次。同一层次的元素作为准则对下一层次的某些元素起支配作用，同时它又受上一层次元素的支配。

（2）构造两两比较判断矩阵　按一定的准则，比较两个元素 C_i 和 C_j 哪一个更重要，对重要程度赋予一定数值。这里使用 $1 \sim 9$ 标度法构造间接判断矩阵。

标度定义：

① 1 表示两个因素相比，具有同等重要性；

② 3 表示两个因素相比，一个因素比另一个稍重要；

③ 5 表示两个因素相比一个比另一个明显重要；

④ 7 表示两个因素相比，一个比另一个强烈重要；

⑤ 9 表示两个因素相比，一个比另一个极端重要；

⑥ 2、4 表示两个相邻判断的中值，6、8 表示两个相邻判断的中值。

这样对于准则 C，n 个被比较元素构成了一个两两比较判断矩阵：

$$A = (a_{ij}) \ n \times n$$

其中，a_{ij} 就是元素间相对重要性的比例标度。

显然判断矩阵具有下述性质：

$$a_{ij} > 0 \quad a_{ji} = 1/a_{ij} \quad a_{ij} = 1$$

称判断矩阵为正互反矩阵。

（3）单一准则下元素相对权重的计算　单一权重向量即各下属元素相对于上属元素的重要性程度的量化评判结果。

在本文中，B_i 对 A 的重要性排序是以相对数值的大小来表示。本文采用几何平均值法来求对应元素单排序的权值 W_{B_i}。

几何平均值法计算步骤如下：

计算判断矩阵中每一行元素的乘积，即

$$M_{B_i} = \prod_{j=1}^{n} b_{ij} \quad (i = 1, 2, \cdots, n)$$

计算 M_{B_i} 的方根

$$\overline{W}_{B_i} = \sqrt[n]{M_{B_i}} \quad (i = 1, 2, \cdots, n)$$

对 $\overline{W}_{B_i}$ 进行规范化，得 W_{B_i}

$$W_{B_i} = \frac{\overline{W}_{B_i}}{\sum\limits_{i=1}^{n} \overline{W}_{B_i}} \quad (i = 1, 2, \cdots, n)$$

（4）层次单排序一致性检验　在层次分析法中，为了形成判断矩阵，引入了 1~9 比率标度方法，这就使得决策者判断思维数学化，为了保持判断思维的一致性，需要对判断矩阵的一致性进行检验。

① 计算一致性指标 $CI = (\lambda_{max} - n)/(n-1)$。

其中 λ_{max} 为判断矩阵的最大特征根，n 为矩阵的阶数。

② 判断矩阵的平均随机一致性指标 RI 值。对于 2、3、4、5 阶判断矩阵，RI 值分别为 0.00、0.58、0.90、1.12。

③ 当随机一致性比率 $CI/RI < 0.1$，则认为判断矩阵一致性良好；否则，认为判断矩阵一致性差，需要重新标度判断矩阵，直至达到良好的一致性为止。

（5）层次总排序的计算　通过从最高层次到最低层次逐层进行计算，得到同一层次所有因素对于最高层（总目标）相对重要性的排序权值。

（6）层次总排序的一致性检验　当层次单排序满足一致性要求后，层次总排序的一致性也会得到满足。为把握起见，也可以根据总排序检验指标计算公式检验其一致性。

$$RI = \frac{\sum\limits_{j=1}^{m} a_j CI_j}{\sum\limits_{j=1}^{m} a_j CR_j}$$

2. 主成分分析法的步骤

利用主成分分析进行综合评价的基本思路是：首先求出原始 P 个指标的 P 个主成分，然后按一定的要求筛选几个主成分，来代替原始指标，再将所选取的主成分用适当的形式进行综合，得到综合评价值，依据它对被评价对象进行比较排序。

主成分分析方法的基本步骤如下。

（1）对原始指标进行标准化处理，以消除量纲不同的影响；

评价中确定的各个指标，都有不同的量纲、不同的数量级，而不同量纲、不同数量级的数据不能放在一起直接进行比较，也不能直接用于多元统计分析，需要对指标的数值进行标准化处理，以消除其量纲、数量级上的差异，使其具有可比性。

（2）求无量纲后的相关系数矩阵 R；

（3）求 R 的特征值、特征向量和贡献率；

（4）确定主成分的个数；本文按照特征值大于 1 以及和累积贡献率（即主成分方差占总体方差的比例）大于 85% 的原则提取主成分因子；

（5）对主成分因子的意义作解释，一般由权重较大的几个指标的综合意义来确定；

（6）计算各主成分的得分及综合得分。

（三）灰色预测模型

灰色预测是灰色系统理论的一个重要方面，它是对既含有已知信息又含有不确定信息的灰色系统进行预测，即对在一定范围内变化的、与时间有关的灰色过程进行预测，通过鉴别系统因素之间发展趋势的相异程度，即进行关联分析并对原始数据进行生成处理来寻找系统变动的规律，生成有较强规律性的数据序列，然后建立相应的灰色预测模型。

灰色系统理论认为：任何随机过程都可看做是在一定时空区域变化的随机过程，随机量可看作是灰色量；无规的离散时空数列是潜在的有序序列的一种表现，因而通过生成变换可将无规序列变成可以满足灰色建模条件的有规序列。所以灰色系统理论建模实际上是对生成数列的建模，而一般建模方法则是对原始数据建模。灰色模型具有的显著性特点是建模所需数据较少（通常只要有四期以上数据即可建模），不必知道原始数据分布的先验特征，对无规或服从任何分布的光滑离散数据序列，通过有限次的生成即可满足建模所要条件，建模的精度较高，可保持原系统特征，能较好地反映系统的实际状况。灰色系统理论充分利用了少量数据中的显信息和隐信息，通过在一定时间周期内对某个变量的观测和对动态信息的开发、利用与加工，实现对离散数据建立微分方程的动态模型，从而了解系统动态行为和发展趋势。一般地说，社会系统、经济系统、生态系统都是灰色系统，由于灰色预测模型能够根据现有的少量信息进行计算和推测。

GM（1，1）反映了一个变量对时间的一阶微分函数，其相应的微分方程为：

$$\frac{\mathrm{d}x^{(1)}}{\mathrm{d}t} + ax^{(1)} = u$$

式中：$x^{(1)}$ 为经过一次累加生成的数列；t 为时间；a，u 为待估参数，分别成为发展灰数和内生控制灰数。

1. 建立依次累加生成数列

设原始数列为：

$$x^{(0)} = \{x^{(0)}(1),x^{(0)}(2),x^{(0)}(3),\cdots,x^{(0)}(n)\}, i = 1,2,\cdots,n$$

按上式做一次累加，得到生成数列（n 为样本空间）；

$$x^{(1)}(i) = \sum_{m=1}^{n} x^{(0)}(m), \quad i = 1,2,\cdots,n$$

2. 利用最小二乘法求参数 a、u。

设：

$$B = \begin{bmatrix} -\frac{1}{2}[x^{(1)}(1) + x^{(1)}(2)] & 1 \\ -\frac{1}{2}[x^{(1)}(2) + x^{(1)}(3)] & 1 \\ \vdots & \vdots \\ -\frac{1}{2}[x^{(1)}(n-1) + x^{(1)}(n)] & 1 \end{bmatrix}$$

$$y_n = [x^{(0)}(2),x^{(0)}(3),\cdots,x^{(0)}(n)]^T$$

参数辨识 a、u：$\hat{a} = \begin{bmatrix} a \\ u \end{bmatrix} = (B^T B)^{-1} B^T y_n$

3. 求解 GM（1，1）的模型

$$\hat{x}^{(1)}(i+1) = \left(x^{(0)}(1) - \frac{u}{a}\right)e^{-\alpha t} + \frac{u}{a}$$

$$\begin{cases} \hat{x}^{(0)}(1) = \hat{x}^{(1)}(1) \\ \hat{x}^{(0)}(i) = \hat{x}^{(1)}(i) - \hat{x}^{(1)}(i-1), i = 2,3,\cdots,n \end{cases}$$

4. 模型精度检验

检验的方法有残差检验、关联度检验和后验差检验，本文中采取后验差检验法。首先计算原始数列 $x^{(0)}(i)$ 的均方差 S_0。其定义为：

$$S_0 = \sqrt{\frac{S_0^2}{n-1}}$$

$$S_0^2 = \sum_{j=1}^{n} \left[x^{(0)}(i) - \overline{x}^{(0)}\right]^2$$

$$\overline{x}^{(0)} = \frac{1}{n}\sum_{j=1}^{n} x^{(0)}(i)$$

然后计算残差数列 $\varepsilon^{(0)}(i) = x^{(0)}(i) - \hat{x}^{(0)}(i)$ 的均方差 S_1，其定义为

$$S_1 = \sqrt{\frac{S_1^2}{n-1}}$$

$$S_1^2 = \sum_{j=1}^{n} \left[\varepsilon^{(0)}(i) - \overline{\varepsilon}^{(0)}\right]^2$$

$$\overline{\varepsilon}^{(0)} = \frac{1}{n}\sum_{j=1}^{n} \varepsilon^{(0)}(i)$$

由此计算方差比 c 和小误差概率 p：

$$c = \frac{S_1}{S_0}$$

$$p = \{\varepsilon^{(0)}(i) - \overline{\varepsilon}^{(0)}| < 0.6745 \cdot S_0\}$$

最后根据预测精度等级划分表，检验模型预测精度（表3-3）。

表3-3　预测精度等级划分

小误差概率 p 值	方差比 c 值	预测精度等级	小误差概率 p 值	方差比 c 值	预测精度等级
>0.95	<0.35	好	>0.70	<0.65	勉强合格
>0.80	<0.5	合格	≤0.70	≥0.65	不合格

如果检验合格，则可以用模型进行预测，计算结果作为 $x^{(0)}(n+1)$，$x^{(0)}(n+2)$ 的预测值。

$$\hat{x}^{(0)}(n+1) = \hat{x}^{(1)}(n+1) \quad \hat{x}^{(1)}(n), \hat{x}^{(0)}(n+2) = \hat{x}^{(1)}(n+2) \quad \hat{x}^{(1)}(n+1)$$

第四章　小流域景观生态格局空间分析

第一节　研究区数据源

本研究所采用的遥感数据是从中国科学院中国遥感卫星地面站（现称：中国科学院对地观测与数字地球科学中心）购买的 2001、2005、2009 年的 Landsat 5 TM 影像，参考图件有 1∶10 000 地形图、1∶5 000 樱桃沟小流域土地利用现状图（1999 年）以及 2000 年的 Landsat 5 TM 影像。

以 Landsat TM 影像为基本数据源，它的地面分辨率为 30m×30m。使用 2000 年、2001 年、2005 年和 2009 年的 4 景 TM 影像数据进行研究工作。各景影像的成像时间及部分成像参数见表 4-1。4 景影像分别摄于 4 月末至 9 月初的 4 个月左右的时间内，这样既保证了不同影像季相的大体一致，使不同影像的地被变化在时间上具有可比性，又考虑到能基本反映一年中植被覆盖度最大的季节，可代表年度植被状况。所有影像都基本上无云覆盖，成像质量也好，从而保证了研究区土地覆被定量测定的可操作性和所获取数据的可靠性。所选 4 景影像基本形成了一个能较好反映近 10 年研究区景观变化的影像数据序列。

表 4-1　TM 影像数据背景资料及部分成像参数

序　号	轨道号（p/r）	成像时间	太阳高度角	太阳方位角	成像质量
1	123/32	2000.07.12	62	114	无云，质量好
2	123/32	2001.08.31	52	138	无云，质量好
3	123/32	2005.06.23	64	122	无云，质量好
4	123/32	2009.06.02	64	126	无云，质量好

第二节　遥感数据预处理

以樱桃沟小流域为研究区，研究区边界主要依据"樱桃沟小流域土地利用现状图"的小流域边界与 2001 年的 Landsat 5 TM 影像范围叠加而得，总面积约为 41.9km²。以 2000 年的 Landsat 5 TM 影像（已校正）与 1∶10 000 地形图为参考，利用 Erdas Imagine 8.6 中的 Geometric Correction Modle 模块对 2001、2005、2009 三年的 TM 影像进行几何校正，校正后影像为 UTM 投影、KRASOVSKY 椭球体，几何校正整体误差 RMS 为 0.03。基于几何校正后的 2001、2005、2009 年 TM 影像，利用 Erdas Imagine 8.6 中的 Spatial Modeler 模块完成影像的辐射校正。经过以上遥感数据预处理后，得到了具有特定边界、明确地图投影与地理坐标信息以及影像像元值为反射率值的研究区 2001 年、2005 年与 2009 年的 TM 影像。

一、影像校正

卫星遥感影像在成像过程中，由于传感器功能的衰减、大气的影响、卫星飞行姿势等原因会产生各种辐射误差和几何变形，因而要对影像进行辐射校正和几何校正，然后才能进行信息提取。因选用的 4 景影像基本没有斑点或条带等各种类型的噪音，所以影像的预处理主要是对影像进行校正（几何校正和辐射校正）及图像增强。

（一）辐射校正

不同影像成像时的大气条件、太阳条件（高度角和方位角）等都存在很大差异，进入大气的太阳辐射会发生反射、折射、吸收、散射和透射，其中对传感器接收影响较大的是吸收和散射（图 4-1）。

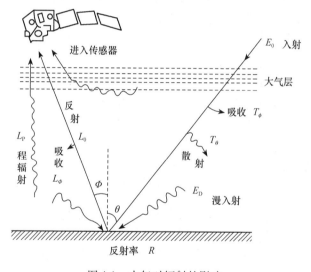

图 4-1　大气对辐射的影响

因此要进行诸如植被变化等的准确多时相动态分析，必须对不同时相的影像进行归一化性质的辐射校正；另外，大多植被指数都要求用反射率数值，而影像上直接读到的实际是亮度值（Digital Number-DN），任何将传感器记录的亮度值转换成地面反射的校正模型都必须考虑传感器校正参数以及从太阳到地球再到传感器的复杂路径上影响太阳辐射的众多因子，剔除与地物反射无关的干扰。外大气层太阳照度、太阳入射角、地物光谱反射、大气散射和大气衰减是模拟传感器太阳辐射最重要参数。关于辐射校正模型的建立和建模过程中某些参数的确定，科学家已经做了很多有益的工作（Forster，1984；Markham 等，1987；Chavez，1988，1989；Dozier，1989；Richter，1990；Hill 等，1991；Moran 等，1992；Pens 等，1994；Gilabert 等，1994；张玉贵，1999），但不管是从理论探讨，还是从实际操作看，辐射校正技术现在还远不如几何校正技术成熟，其难点主要集中在大气光学厚度（Raleigh 衰减、气溶胶衰减等）的计算、辐射传输模型的建立与各大气参数的计算等，一些参数的估计相当复杂，应用的难度很大，因此人们采用模拟的方法估计大气对地面信号的干扰状况，同时建立了一些简单的纠正方法，也可以称为经验大气纠正或相对纠正方法。

本文采用 Chavez、Chander 等建立的一种简便的辐射校正模型进行 TM 数据的辐射校正（Chavez，1989；Chander，2003）。校正模型的计算公式为：

$$r_\lambda = \frac{\pi \cdot (L_\lambda - Lhaze_\lambda) \cdot d^2}{ESUN_\lambda \cdot \cos^2 q} \tag{4-1}$$

$$L_\lambda = GAIN_\lambda \cdot DN + BIAS_\lambda \tag{4-2}$$

$$Lhaze_\lambda = L_{\lambda,\min} - L_{\lambda,1\%} \tag{4-3}$$

$$L_{\lambda,\min} = GAIN_\lambda \cdot DN_{\min} + BIAS_\lambda \tag{4-4}$$

$$L_{\lambda,1\%} = \frac{0.01 \cdot ESUN_\lambda \cdot \cos^2 q}{\pi \cdot d^2} \tag{4-5}$$

式中：DN 表示像素值；r_λ 为地表反射率；L_λ 为星上反射率；$ESUN_\lambda$ 为大气外平均太阳辐射度；$q = 90°$太阳高度角；d 为日地距离。公式所需参数见表 4-2，表 4-3。

表 4-2　TM 大气外平均太阳辐射度及 TM gains，biases 参数

波段	ESUN（$Wm^{-2}\mu m^{-1}$）	2000 年、2001 年、2005 年		2009 年	
		gains	biases	gains	biases
TM1	1 957	0.999 92	−0.010 0	1.268 84	−0.010 0
TM2	1 829	2.424 30	−0.023 2	2.981 26	−0.023 2
TM3	1 557	1.363 44	−0.007 8	1.761 86	−0.007 8
TM4	1 047	2.629 01	−0.019 3	2.817 71	−0.019 3
TM5	219.3	0.587 71	−0.008 0	0.652 27	−0.008 0
TM7	74.52	0.386 74	−0.004 0	0.443 75	−0.004 0

表 4-3　研究用影像辐射校正参数

编号	成像日期	太阳高度	q	d
1	2000.7.12	62°	33	1.015 099 60
2	2001.8.31	52°	33	1.013 951 54
3	2005.6.23	64°	44	1.007 035 90
4	2009.6.02	64°	33	1.012 835 27

上述公式中 d 为实际日地距离，它与平均日地距离有明显差异，可用下列公式计算（王炳忠，2002）：

$$d^2 = 1.000\ 423 + 0.032\ 359\sin\theta + 0.000\ 086\sin2\theta - 0.008\ 349\cos\theta + 0.000\ 115\cos2\theta \tag{4-6}$$

式中：θ 为日角，其计算公式为：

$$\theta = 2\pi t/365.242\ 2 \tag{4-7}$$

这里 t 由两部分组成：$t = N - N_0$，N 为积日，亦即儒略日。

$$N_0 = 79.676\ 4 + 0.242\ 2 \times (\text{年份} - 1985) - \text{INT}(\text{年份} - 1985)/4 \tag{4-8}$$

采取上述公式计算得出 4 景遥感数据成像时的日地距离 d（表4-5）。

根据表4-4、表4-5 所提供的参数，运用公式（4-2）至（4-5）进行计算，可将公式简化为以下形式：

$$r_\lambda = A \times DN + B \tag{4-9}$$

式中：A 和 B 为根据公式所求算出来的系数；DN 表示像素值。

本文利用 ERDAS IMAGINE 软件的 Model Maker 模块实现上述公式，对研究区的影像进行转换，生成研究区反射率影像。

（二）几何校正

研究区 5 景 TM 影像数据在卫星地面接收站都做过系统校正，投影系统为 Transverse Mercator，但相对较粗，需进行精较正，以满足研究需要。本文根据樱桃沟小流域 1：10 000 地形图进行遥感影像校正，即选择特征突出的地物作为地面控制点，与 TM 影像上的同名控制点建立位置相关。地面控制点主要选在道路变化明显处、河流交汇处和道路河流交叉处等。对于山区面积较大、人烟稀少、明显地物点很少的地区，采用了部分 GPS 野外实测数据。不同影像如选择完全不同的 GCP 控制点进行几何纠正，可能会造成控制点稀疏的局部区域不同影像的错位，因此，除个别在某景影像上难定位的点外，每景影像校正选用的大部分 GCP 都一样，这样就保证了不同影像校正结果基本一致。几何校正采用 ENVI 软件中 Map-Registration-Select GCPs：image to image 模块进行。投影参数见表4-4。

表4-4　影像投影坐标系统

投　影		地理坐标系统		基　准　面	
名称	Transverse_Mercator	名称	GCS_WGS_1984	名称	D_WGS_1984
向东偏移	500 000	角度单位	Degree	椭球体	WGS 84
向北偏移	0	本初子午线	Greenwich（0）	长半轴	6 378 137
中央经线	117			短半轴	6 356 752.314 3
比例因子	0.999 6			扁率	0.003 34
起始纬度	0				
线性单位	Meter				

地面控制点的数目决定了幂次计算的最高次数，n 次多项式控制点最少数目为 $(n+1)(n+2)/2$。控制点越多，对图像各个局部照顾越全面，校正后精度越高，但相应计算量大，耗费机时，且一幅图像如果有太多控制点，难以在地图上找到相应的同名点与之对应。研究比较，本项目区影像每幅图像通过 25 个地面控制点（GCP），用二次多项式进行几何校正，校正精度控制在 1 个像元以内，地面分辨率控制在 $30m \times 30m$（表4-5）。

表4-5　研究区影像校正精度

序号	成像时间	X 误差	Y 误差	中误差（RMS）	地面分辨率
1	2000.7.12	0.378 8	0.604 6	0.724 0	$30m \times 30m$
2	2001.8.31	0.366 8	0.428 3	0.643 3	$30m \times 30m$
3	2005.6.23	0.460 2	0.406 9	0.458 7	$30m \times 30m$
4	2009.6.02	0.295 4	0.028 5	0.192 8	$30m \times 30m$

经位置计算后的像元 x 和 y 值，多数不在像元的中心，必须重新计算新位置的亮度值，即灰度重采样。常用的方法有最邻近点插值（Near Neighbor）、双线性内插（Bilinear Interpolation）和三次卷积内插（Cubic Convolution）三种。本研究采用双线性内插法重采样校正全图。以备计算点（x，y）周围 4 个邻近点，利用 x 方向和 y 方向进行三次内插计算得到该像元点的亮度。经过坐标换算和重采样，图像被校正到与地形图精确匹配的地理坐标，实现了与 GIS 底图的精确空间配准，为遥感信息与 GIS 辅助信息复合分析奠定了基础。

二、遥感影像最佳波段选择与合成

（一）TM 影像的波段及其特征

任何物体由于其化学成分和物质结构不同都会对太阳光产生选择性吸收和反射，因而构成物体本身所特有的光谱特征。Landsat 5 获取的影像空间分辨率为 30m，有 7 个波段，重复周期为 16 天，各波段的波谱范围及用途见表 4-6（陈晓玲，2007）。

表 4-6　TM 影像的波段特征

波段	波长范围（m）	分辨率	用　　途
1	0.45~0.52（蓝）	30m	海洋探测，土地利用、土壤和植被特征分析
2	0.52~0.60（绿）	30m	绿色植被制图，农田、城镇特征鉴别
3	0.63~0.69（红）	30m	区分植被，提取土壤边界和地界界线信息
4	0.76~0.90（近红外）	30m	鉴别植物、植被类型、健康状况及生物量，水体描绘，土壤湿度探测
5	1.55~1.75（中红外）	30m	对土壤、植被湿度敏感，用于农作物干旱研究和植被生长状况调查，区分云、雪和冰
6	10.4~12.5（热红外）	120m	确定地热活动、地质调查中的热惯量制图、植被分类、植被胁迫分析和土壤水分研究
7	2.08~2.35（中红外）	30m	区分地质岩层的重要手段，对于鉴别岩石中的水热蚀变带亦很有效

（二）TM 遥感数据相关分析

不同波段的 TM 影像具有各自的光谱特性，从而在识别地物上具有不同的用途，但波段之间同时具有一定的相关性。因此，为了有效进行土地利用信息提取，提高信息识别的提取精度，必须进行波段选择。波段选择的一般原则（刘建平等，1999；罗音等，2002；姜小光等，2002）：（1）所选波段的信息量最大，且波段间的相关性最弱。波段间的相关性越弱，表明图像数据的独立性越强，信息的冗余度越小。（2）所选择波段对所需识别的地物类别之间最容易区分。遥感数据 2 个波段（k 和 l）之间的相关系数（r_{kl}）可以用它们的协方差（cov_{kl}）和标准差乘积（$s_k s_l$）的比值来界定，其计算公式如下：

$$r_{kl} = \frac{cov_{kl}}{s_k s_l}$$

(4-10)

（三）基于 OIF 的 TM 影像最佳波段组合

选取最佳波段组合对于 TM 影像的解译与分类有着重要的作用。波段组合方案的优劣可以通过一些统计学方法来评价，如常用的主成分分析法和最佳指数因子分析法（Optimum Index Factor，OIF）等。本研究基于 OIF 法对项目区 TM 影像最佳波段组合进行了选择。最佳指数因子（OIF）是 Chavez 等（1982，1984）提出的，该因子对 TM 数据 6 个波段（不包括热红外波段）得出 20（C_6^3）种 3 波段组合并进行排序。它是在数据统计分析的基础上，选择标准差大、相关性小的数据。标准差越大，所包含的信息量越大，而波段间相关系数越小，表明图像数据的独立性越强、信息的冗余度越小，因此，OIF 越大，则该组合波段的信息量越大。任意 3 波段影像集的 OIF 算法如下：

$$OIF = \frac{\sum_{k=1}^{3} s_k}{\sum_{j=1}^{3} ABS(r_j)} \tag{4-11}$$

式中：s_k 是第 k 波段的标准差，r_j 是待评估的 3 个波段中任意 2 个波段间的相关系数。

利用波段 4、3、2 组合应该生成最理想的彩色合成影像；其次为波段 3、4、5 和波段 3、4、7 组合。一般来说，最好的 3 波段组合是由 1 个可见光波段（TM 第 1、2 或 3 波段）、1 个更长的红外波段（TM 第 5 或 7 波段）和 TM 第 4 波段组合而成（陈晓玲，2007）。根据遥感影像最佳波段选取的第二条原则："所选择波段对所需识别的地物类别之间最容易区分"。而在山区小流域地区，TM4 波段能在不同程度上较好地反映土地上植被的特点，TM5 对土壤及植被的湿度较敏感，TM3 波段能反映沙质土壤的较亮部分。本文分别对波段 4、3、2 及 3、4、5 和 3、4、7 组合的 3 波段排序并赋予不同颜色（R、G、B）进行彩色显示，经比选，选用 4、3、2 波段分别对应 R、G、B 的标准假彩色合成方案更有利于该地区遥感影像的解译。

三、地形图拼接及遥感影像裁剪

地形图作为基础测绘的重要图件之一，它详细记载了区域的地理位置、地形、水文、土质、植被、居民点等地理要素，利用价值高，通用性强。在本研究中，地形图可以用来辅助遥感影像解译与分类、确定行政区划范围及数字高程模型（DEM）制作等。本文所采用的地形图为北京市测绘设计研究院于 1998 年 12 月测得 1∶10 000 地形图。该地形图采用 1980 年西安坐标系，1956 年黄海高程系，等高距为 10m，共 95 个分幅，为 CAD 图，存储格式为 DWG 格式。

根据小流域行政区划范围对镶嵌图像进行裁剪。影像裁剪主要分为以下 4 步：①将小流域 1∶10 000 分幅地形图在 Erdas Image 软件中进行精确配准（投影为 Gauss-Kruger 投影），对配准后的地形图利用 Erdas Image 软件的 Mosaic 工具进行地形图拼接；②将拼接好的地形图导入到 ARC/INFO 软件中，对小流域行政区划范围进行矢量化，形成小流域行政边界多边形矢量文件（shapefile 格式）；③在 Erdas Image 下，用 Vector to Raster 工具将行政多边形矢量文件转成栅格图像；④在 Erdas Image 下，通过掩膜（Mask）运算实现遥感影像不规则裁剪（图4-2）。

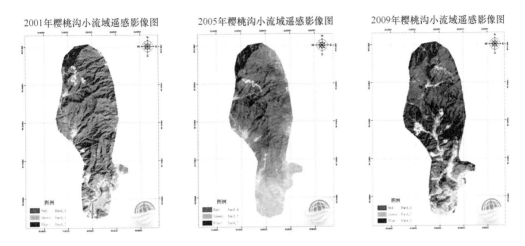

图4-2　小流域 TM 遥感影像图（合成波段：4，3，2）

第三节　地面调查斑块图矢量化及拼接

根据项目研究需要，2007 年 7 月和 2009 年 8 月，对樱桃沟小流域进行了综合生态调查。依据区域地貌类型及交通状况分组进行，调查人员包括部分专家、教授、博士、硕士及本科生，以 2005 年和 2009 年 TM 影像为遥感信息源，选用 1∶10 000 分幅地形图作为斑块勾绘底图，调查的内容主要包括土地利用类型、地貌类型及部位、坡度、坡向、植被类型及生长状况、乔木林郁闭度、灌草覆盖度等，最小面积控制在 0.25km²，共勾绘图斑4 526 个，以地块编号为索引建立数据库。然后将斑块图扫描成栅格图格式，在 R2V5.5 矢量化软件下进行图斑矢量化，并进行坐标配准与矢量图拼接，最后在 ARC/INFO 软件下按照地块编号将调查数据库导入到矢量图中，形成生态调查空间数据库。部分地块矢量化如图4-3 所示。

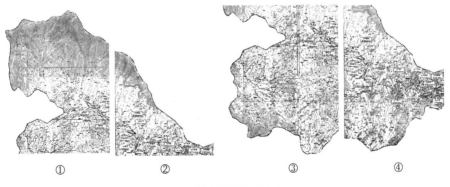

①　　　　　②　　　　　③　　　　　④

图4-3　调查图斑部分矢量图

第四节　DEM 影像的制作

一、数字高程模型（DEM）

数字高程模型（Digital Elevation Model，简称 DEM）是表示区域 D 上地形的三维向量有限序列，其表示形式主要有规则格网（Regular Grid）模型、等高线（Contour Line）模型和不规则三角网（Triangulated Irregular Network，简称 TIN）模型（邬伦，2001）。三种模型中，格网模型是应用较为广泛的一种模型，本文采用格网 DEM 模型制作 DEM 影像。

二、DEM 的主要用途

数字高程模型主要用于两方面的分析：一是基于 DEM 的单要素多时相分析，可用于获取不同时期的坡度、坡向、高程分带图，还可以通过不同时相 DEM 数据的比较获得研究区地形变化；二是通过 DEM 数据与其他专题图层叠合分析，获得高程因子对土地利用、植被覆盖分布情况的影响。本研究中，DEM 可用来辅助土地利用/覆被类型判别。

图 4-4　樱桃沟小流域 DEM 影像图

三、DEM 影像的制作

DEM 影像的制作是在 ARC/INFO 地理信息系统和 R2V 软件支持下进行的，采用了 95 幅等高距为 10m 的 1∶10 000 地形图。具体方法为：①利用 R2V5.5 软件数字化地形图，建立地形等高线数字化矢量线图；②建立空间拓扑关系；③建立矢量线图的地图投影坐标系统；④对各矢量线图进行边缘匹配处理及接边；⑤采用三角化不规则网方法，将矢量线图转换成 TIN 数据，并进行空间插值；⑥利用 ARC/INFO 的空间分析模块将 TIN 数据转成栅格数据，形成 DEM 数字影像图，栅格大小均取 30m × 30m。⑦利用 ARC/INFO 空间分析模块栅格计算器结合分析掩膜（小流域行政区划面状矢量图），对 DEM 影像进行裁剪，形成研究区的 DEM 影像图（图 4-4）。

第五节　植被覆盖度空间数据库的建立

一、植被覆盖度遥感定量模型

由遥感数据计算出的植被指数可以直接反映地表植被状况，因而引起了学者的普遍重视，纷纷研究植被指数与植被覆盖度的关系，建立使用植被指数估算植被覆盖度的模型。由此涌现出的遥感监测植被覆盖度的方法也较多，其中应用较广的方法是植被属性与简单光谱指数的相关分析法（Los 等，2000；Sellers 等，1995）。由于这种方法的局限性，随着观测仪器性能的提高，一些基于影像反射物理模型的新方法应运而生。

　　一种思路是延续统计学的思想，分析植被指数与植被覆盖度的相关关系，寻找对植被覆盖度最为敏感，且对背景因素最不敏感的植被指数，建立估算植被覆盖度的线性回归模型、非线性回归模型；部分学者直接利用与植被覆盖度相关性好的植被指数估算植被覆盖度，并不需要建立回归模型；另一种思路是不通过相关分析、回归分析，而通过理论分析对像元进行分解，建立植被指数与覆盖度的关系模型。

　　根据学者们的研究思路，可将遥感测量植被覆盖度的各种方法分为：回归模型法、植被指数法与像元分解模型法。本文采用像元分解模型法里的像元二分模型进行植被覆盖度的计算，植被覆盖度分级图将作为遥感影像解译的辅助数据。

　　像元分解模型法的原理是，图像中的一个像元实际上可能由多个组分构成，每个组分对遥感传感器所观测到的信息都有贡献，因此可将遥感信息分解，建立像元分解模型。像元二分模型假设像元只由两部分构成：植被覆盖地表和无植被覆盖地表。所得的光谱信息也只由这个组分因子线性合成，它们各自的面积在像元中所占的比率即为各因子的权重，其中植被覆盖地表占像元的百分比即为该像元的植被覆盖度。因而可以使用此模型来估算植被覆盖度。

　　假设一个像元的信息可以分为土壤和植被两部分，通过遥感传感器所观测到的信息 S，就可以表达为由绿色植被成分所贡献的信息 S_v，与由土壤成分所贡献的信息 S_s 这两部分组成。将 S 线形分解，为 S_s 与 S_v 两部分：

$$S = S_v + S_s \tag{4-12}$$

　　对于一个由土壤与植被两部分组成的混合像元，即像元中有植被覆盖的面积比例为该像元的植被覆盖度 f_c，而土壤覆盖的面积比例为 $1 - f_c$。设全由植被所覆盖的纯像元，所得的遥感信息为 S_{veg}，混合像元的植被成分所贡献的信息 S_v 可以表示为 S_{veg} 与 f_c 的乘积：

$$S_v = f_c \times s_{veg} \tag{4-13}$$

　　同理，设全由土壤所覆盖的纯像元，所得的遥感信息为 S_{soil}，混合像元的土壤成分所贡献的信息 S_s 可以表示为 S_{soil} 与 $1 - f_c$ 的乘积：

$$s_s = (1 - f_c) \times s_{soil} \tag{4-14}$$

$$s = f_c \times s_{veg} + (1 - f_c) \times s_{soil} \tag{4-15}$$

　　参数 S_{soil} 和 S_{veg} 为土壤和植被纯像元所反映的遥感信息。

　　计算植被覆盖度时，对于遥感信息的利用，是通过建立遥感数据与植被覆盖度之间的关系来实现的。这里所说的遥感数据包括遥感数据的光谱信息（波段或是波段的组合）或者是根据光谱信息计算出的植被指数（VI）。植被指数是遥感领域中用来表征地表植被覆盖、生长状况的一个简单、有效的度量参数（郭铌，2003）。随着遥感技术的发展，植被指数在环境、生态、农业等领域有了广泛的应用。自然植被稀疏，破碎化程度高，VI 对植被的敏感性比降低对土壤影响的效果更重要；另一方面，植被稀疏地区的土壤背景影响相对弱。因此，本文采用 NDVI 结合像元分解模型来估算樱桃沟小流域的植被覆盖度。

归一化植被指数 $NDVI$（Normalized Difference Vegetation Index），又称标准化植被指数，定义为近红外波段 NIR（$0.7 \sim 1.1\mu m$）与可见光红波段 R（$0.4 \sim 0.7\mu m$）数值之差和这两个波段数值之和的比值，即

$$NDVI = \frac{NIR - R}{NIR + R} \tag{4-16}$$

将 $NDVI$ 代入公式4-15，则式4-15可被近似为：

$$NDVI = f_c \times NDVI_{veg} + (1 - f_c) \times NDVI_{soil} \tag{4-17}$$

即图像中每个像元的 $NDVI$ 值可以看成是有植被覆盖部分的 $NDVI$ 与无植被覆盖部分的 $NDVI$ 的加权平均，其中有植被覆盖部分的 $NDVI$ 的权重即为此像元的植被覆盖度 f_c，无植被覆盖部分的 $NDVI$ 的权重则为 $1 - f_c$。

其中，$NDVI_{soil}$ 为裸土或无植被覆盖区域的 $NDVI$ 值，即无植被像元的 $NDVI$ 值，而 $NDVI_{veg}$ 则代表完全被植被所覆盖的像元的 $NDVI$ 值，即纯植被像元的 $NDVI$ 值。

变换后可得：

$$f_c = \frac{NDVI - NDVI_{soil}}{NDVI_{veg} - NDVI_{soil}} \tag{4-18}$$

此即为采用像元分解法建立的植被覆盖度模型。

$NDVI_{soil}$ 应该是不随时间改变的，对于大多数类型的裸地表面，理论上应该接近零。然而由于大气影响、地表湿度等条件的改变，$NDVI_{soil}$ 会随着时间而变化。此外，由于地表湿度、粗糙度、土壤类型、土壤颜色等条件的不同，$NDVI_{soil}$ 也会随着空间而变化，其变化范围一般在 $-0.1 \sim 0.2$ 之间（Bradley，2002）。$NDVI_{veg}$ 代表全植被覆盖像元的最大值，由于植被类型的不同、植被覆盖的季节变化、叶冠背景的污染，包括潮湿地面、雪、枯叶等因素，$NDVI_{veg}$ 值会随着时间和空间而改变。因此，$NDVI_{veg}$ 与 $NDVI_{soil}$ 不能直接取由 $NDVI$ 灰度图统计出来的最大和最小值。研究计算得到 $NDVI_{soil}$ 的平均值为0.07。

以上公式利用 ERDAS IMAGINE 软件的 Model Maker 模块实现，从而获得樱桃沟小流域植被覆盖度栅格图。

二、植被覆盖等级划分

根据研究实际需要，本文将研究区植被覆盖度划分为低盖度植被（$5\% \leqslant f_c < 10\%$）、中盖度植被（$10\% \leqslant f_c < 30\%$）和高盖度植被（$f_c \geqslant 30\%$）三类。另外，考虑到农田是一个特殊的植被区，再增设一类农田植被。这样，研究区的植被共分为4类。

农田是一特殊的植被群体，一方面它由一年生的人工作物组成，与自然植被相比覆盖度高，在影像上与自然植被或其他非农田植被形成鲜明的对照；另一方面，不同的作物有不同的物候期，在固定的时间，不同作物的光谱特征差异明显，仅依据农田的光谱数据很难准确解译农田植被区。因此，本文采用计算机结合人工目视解译划分农田植被区。首先根据标准假彩色合成图像上不同发育阶段作物的光谱反映特点，建立以颜色、形状、纹理等为主要特征的农田目视解译标志，然后在 ARC/INFO 软件下矢量化形成农田植被区图，转化成栅格数据后与遥感模拟的植被图叠加形成最终的植被覆盖等级图。

第六节 基于遥感的 LUCC 空间数据库的建立

一、LUCC 分类体系的建立

土地利用是指人类施加于地表的活动（如：农业、商业、居住等）。地面覆被指的是景观中的各类地物（如：水体、沙地、农作物、林地、湿地以及沥青等人工地物）。二者在时间序列上的变化综合起来称为土地利用/覆被变化（Land Use-Cover Change，简称 LUCC）。为了成功地对遥感数据进行土地分类并提取 LUCC 信息，必须仔细选择并定义所有感兴趣的类别（Lunetta 等，1991；Congalton，Green，1990；崔丽娟等，2006），即选择合适的分类方案。参照 1992 年中国科学院"八五"重大应用项目"国家资源与环境遥感宏观调查与动态研究"的土地资源分类系统（刘纪元，1996），根据樱桃沟小流域土地利用和植被物候特点，结合大量野外调查，本着实用、简洁的原则，确定采用二级分类法对研究区进行土地利用/覆被分类（表4-7）。

表4-7 小流域土地利用/覆被分类体系

Ⅰ级分类及代码	Ⅱ级分类及代码	内　涵
耕地 1	旱地 1_1	无灌溉设施，仅靠天然降水生长作物的耕地
	水浇地 1_2	有水源保证和灌溉设施的耕地
林地 2	灌木林地 2_1	覆盖度≥30% 的灌木林地
	有林地 2_2	郁闭度≥20% 的乔木林
	疏林地及未成林地 2_3	郁闭度 <20% 的乔木林地和覆盖度 <30% 的灌木林地及未成林地
草地 3	高盖度草地 3_1	覆盖度≥30% 的各类草地
	中盖度草地 3_2	10% ≤覆盖度 <30% 的各类草地
	低盖度草地 3_3	5% ≤覆盖度 <10% 的各类草地
水域 4	水域 4_1	各类水体
居民工矿用地 5	居民工矿用地 5_1	城乡居民地、工矿用地、交通用地等
未利用地 6	荒地 6_1	植被覆盖度 <5% 未利用的土地
	盐碱地 6_2	植被覆盖度 <5% 的盐渍化土地
	裸地 6_3	植被覆盖度 <5% 且无沙化及盐渍化土地

二、解译标志的确定

遥感影像图上，不同的地物有其不同的影像特征，这些影像特征是识别各类地物的依据，称之为解译标志。建立遥感影像解译标志是地区土地利用/覆被分类和景观动态变化研究的重要内容。解译标志有直接解译标志和间接解译标志两种。直接解译标志包括形状、大小、色调或颜色、结构、饱和度及纹理；间接解译标志包括地物的位置、分布特征及地物之间的相互关系。

建立解译标志时遵循以下方法和步骤：

① 影像上没有明显解译标志的地类不能成为分类系统中独立的图斑类型，除非是一些重要的地类，并且通过其他辅助数据能够精确界定每一图斑的轮廓；

② 根据 TM 彩色合成影像的波谱特征、空间分辨率以及试验区的物候资料和近期的土地利用图，并结合影像的色调、亮度、饱和度、形状、纹理和结构等特征，制定初步的解译标志；

③ 根据初步获得的解译标志，选取典型地段进行预判，并且通过归纳总结后针对有疑虑的地方进行实地验证和专家咨询。

废弃矿山荒地解译标志主要有：

① 影像标志。指废弃土地的色调、大小、形状、纹理等；

② 地貌形态特征。指反映各种废弃土地程度的微地貌景观。一定类型的废弃地貌代表一定的废弃土地发展程度和阶段，同时，土地废弃地貌形态的组合特征也是确定废弃地级别的重要标志；

③ 数量标志。如植被覆盖度和单位面积内废弃地所占百分比。

本研究是在樱桃沟小流域土地利用/覆被分类系统的基础上，综合遥感影像的色彩、结构、形态、分布等辅助信息，利用 GPS 建立遥感解译标志（表4-8）。

表4-8 小流域土地利用/覆被 TM 影像解译标志

分　类	影像解译特征（4、3、2 波段假彩色合成）
旱　地	多呈红、浅红或暗灰色斑块，色调均匀，呈面状、片状或带状分布，有明显的边界存在，纹理均一，距村庄较近。
水浇地	与周围其他地类形成强烈反差的均匀红或深红色调，条块分割，地块边缘整齐，形状规则，距村庄较近。
灌林地	红色、暗红色，质地均匀，形状不规则，影像纹理粗糙，有时由于有零星乔木分布影像有粒状亮红点分布。
有林地	呈片状或带状，暗红、深红至黑色，色泽鲜艳，与农田、草地等的反差明显，地物类型界线清晰。
疏林地及未成林	淡红色中有点状鲜红色。色调不均一，色泽发暗，与草地的区别是疏林地纹理比较粗糙。
高盖度草地	红、浅红或黄绿色，形状不规则，影像结构均一，纹理较细。
中盖度草地	呈淡红色或灰褐色，影像结构均一，纹理较细。
低盖度草地	呈黑灰色、灰绿色或淡青色，影像结构均一，纹理较细。
水　域	深蓝色至黑蓝色，色调均匀，边缘清晰。
居民工矿用地	深灰、浅灰或灰蓝色，形状规则，边缘清晰。
荒　地	浅绿、浅青绿色，色调均匀，边缘清晰。
盐碱地	灰色、蓝色、紫色至灰紫色，质地均匀，边缘清晰。
裸　地	片状或带状，淡灰色或亮灰色，周围界线比较圆顺清晰。

三、遥感图像分类

图像分类就是基于图像像元的数据文件值，将像元归并成有限几种类型、等级或数据集的过程（党安荣，2003）。遥感图像最常用的分类方法主要有非监督分类（Unsupervised Classification）、监督分类（Supervised Classification）和屏幕解译勾绘分类等。

非监督分类是运用 ISODATA (Iterative Self-Organizing Data Analysis Technique) 算法，完全按照像元的光谱特性进行统计分类，对分类地区情况不了解时常使用这种方法。使用该方法时，原始图像的所有波段都参与分类运算，分类结果往往是各类像元数大体等比例；监督分类是首先选择可识别或借助其他信息可以断定其类型的像元建立模板，然后基于该模板使计算机系统自动识别具有相同特性的像元，监督分类比非监督分类更多地要用户来控制；屏幕解译勾绘是操作人员以遥感图像为底图，根据遥感影像解译标志与辅助图件及地面调查，直接在屏幕上解译勾绘斑块（赵冬泉 等，2006）。

监督分类与非监督分类由于受图像本身异物同谱和同谱异物现象的影响，判读的精度不能保证，不适用于基于遥感影像的大范围复杂成图。屏幕解译勾绘工作量大，且容易受操作人员的知识、经验等因素的影响，解译过程中随机性大。随着计算机技术的发展，各种专业软件显示图像以及生成和编辑矢量地图功能的不断增强，目前，屏幕直接勾绘法的应用越来越普及。

基于以上分析，本研究采用监督分类法对研究区 3 景影像进行分类。樱桃沟小流域不同时期土地利用/覆被分类如图 4-5 所示。

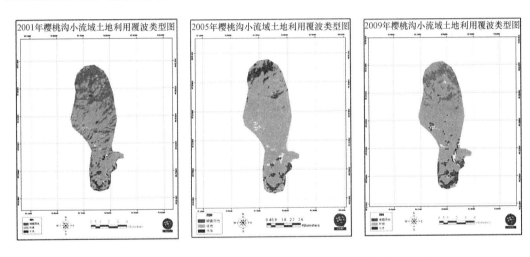

图 4-5　樱桃沟小流域 2001、2005、2009 年土地利用/覆被类型图

四、土地利用/覆被分类精度评估

在进行土地利用/覆被分类过程中，不可避免地含有误差，因此在利用遥感专题图进行科学研究和决策前，应对其进行充分的精度评价（Stehman，Czaplewski，1998；Paine，Kiser，2003）。基于已有的实地调查数据，本文将对 2001、2005 和 2009 年樱桃沟小流域土地利用/覆被分类精度进行评价。

（一）误差源分析

由于遥感系统中的探测器定标不准及遥感平台在数据采集时可能俯仰、偏航等都会导致遥感测量不精确。阴霾、烟雾、灰尘和耀斑等也会严重影响成像的质量和信息的提取。对于上述原因所引起的误差，可以通过辐射校正和几何校正进行预处理。遗憾的是，即便预处理后，数据中仍然会存在一些残余的几何和辐射误差，残余的几何和辐射误差将会传递到下一步的影像处理过程中。有时，定性或定量的信息提取技术是存在逻辑缺陷的。例如，确定性土地利用分类体系里可能不存在相对独立的、纯粹的、按等级的类别。在监督分类的训练阶段，训练样区有可能标识有误；在非监督分类时，聚类结果可能标识错误；同样，解译人员在进行影像的目视判读时也可能错误地标识某个多边形（陈晓玲，2007）。

上述误差都会累积到遥感信息中（如：土地利用/覆被图）。因此有必要对生成的遥感专题信息进行误差精度评价，设置遥感信息的置信度。

（二）样本容量的确定

在遥感分类图中，对分类精度进行评价时，实际选取多少个地面参考验证样本是需要考虑的一个重要因素。本文采用多项分布式计算样本容量，其计算公式如下（Tortora，1978；Congalton，Green，2008）：

$$N = \frac{B\prod_i(1-\prod_i)}{b_i^2} \tag{4-19}$$

式中：$\prod_i$ 是 k 个类型中最接近50%的第 i 类的总体比例，b_i 是对应于该类的期望精度，B 是自由度为1且服从 χ^2 分布的 $(\alpha/k)\times$ 百分位数，k 是总类数。

本研究中 $k=13$，类 $\prod_i$ 大约占地图面积的60%，并且百分比最接近50%，置信度选取95%，误差取8%，$1-\alpha/k=1-0.15/13=0.99375$，查表 $\chi^2_{(1,0.99375)}=7.568$。

则：

$$N = \frac{7.568 \times 0.6 \times (1-0.6)}{0.08^2} = 283.8$$

因此至少应选取284个随机样本完成误差矩阵，即每个类别至少需要22个样本。样本数据来源于2007年与2009年植被调查。

（三）采样设计

较为常用的采样框架有5个，即：随机采样、系统采样、分层随机采样、分层系统非均衡采样和聚类采样。此采样框架可用来采集地面参考验证数据，并用来评价遥感专题图的精度（Congalton，Green，1999）。上述采样方法各有其优缺点，有些采样方法甚至很难实现，基于樱桃沟小流域的地形地貌特点及土地利用状况，本文采用随机采样法进行采样。

（四）Kappa 一致性检验

Kappa 分析在精度评价中使用的是离散的多元统计方法（Congalton，Mead，1983；Feinstein，1998；Foody，2002）。该方法于1981年引入遥感界，首次发表在1983年的遥感杂志上（Congalton，1981）。

Kappa 分析生成一个统计量 $\hat{K}$，它是 Kappa 的一个估计值，也是遥感分类和参考数据之间的一致性或精度的量度，这种量度是通过对角线和行列总数给出的概率一致性来表达的，其计算公式如下：

$$\hat{K} = \frac{N\sum_{i=1}^{k} x_{ii} - \sum_{i=1}^{k}(x_{i+} \times x_{+i})}{N^2 - \sum_{i=1}^{K}(x_{i+} \times x_{+i})} \tag{4-20}$$

式中：k 为矩阵行数；x_{ii} 是位于第 i 行第 i 列的观测点个数；x_{i+} 和 x_{+i} 分别表示第 i 行和第 i 列的和；N 是所有观测点的总数。

$\hat{K} > 0.8$，就是指分类图和地面参考信息间的一致性很大或精度很高；$0.4 \leqslant \hat{K} \leqslant 0.8$，表示一致性中等；$\hat{K} < 0.4$，表示一致性很差（陈晓玲，2007）。

本文对 2001 年和 2009 年 2 景遥感影像解译出的土地利用/覆被分类图进行了 Kappa 一致性检验，类型用表 4-7 中 Ⅱ 级分类编码表示，"列"表示地面调查验证数据，"行"表示遥感分类数据，误差矩阵见表 4-9 及表 4-10。

由表 4-9 与表 4-10 计算的 $\hat{K}$ 值分别为 72.66% 与 73.64%，接近于 80%，说明遥感影像分类与地面验证具有较高的一致性，满足研究需要。

表 4-9　2001 年 TM 影像土地利用/覆被分类误差矩阵

类型	11	12	21	22	23	31	32	33	41	51	61	62	63	列总计
11	16	2	1	2	0	1	0	0	0	0	0	0	0	22
12	3	16	1	2	0	0	0	0	0	0	0	0	0	22
21	2	2	16	1	0	3	0	0	0	2	0	0	0	26
22	3	3	2	17	1	1	1	0	0	0	0	0	0	28
23	0	0	1	0	16	0	3	2	0	0	0	0	0	22
31	1	1	3	2	1	17	1	0	0	0	0	0	0	26
32	0	0	1	1	3	2	18	2	0	0	0	0	0	27
33	0	0	0	0	2	1	2	18	0	0	2	1	3	29
41	0	0	0	0	0	0	0	0	20	0	0	2	0	22
51	0	0	0	0	0	0	0	0	0	21	0	0	0	21
61	0	0	0	0	0	0	0	1	0	0	20	0	2	23
62	0	0	0	0	0	0	0	0	3	0	0	21	1	25
63	0	0	0	0	0	0	0	1	0	0	1	1	20	23
行总	25	24	25	25	23	25	25	24	23	23	23	25	26	316

$\hat{K} = 0.7266$

表 4-10　2009 年 TM 影像土地利用/覆被分类误差矩阵

类型	11	12	21	22	23	31	32	33	41	51	61	62	63	列总计
11	17	3	3	2	1	1	0	0	0	0	0	0	0	27
12	2	18	0	1	0	1	0	0	0	0	0	0	0	22
21	1	2	18	1	0	3	2	1	0	1	0	0	0	29
22	2	3	1	17	1	1	1	0	0	0	0	0	0	26
23	0	0	1	0	16	0	2	2	0	0	0	0	0	21
31	2	1	2	3	1	18	1	0	0	1	0	0	0	29
32	0	0	1	1	3	2	19	2	0	0	1	0	0	29
33	0	0	0	0	2	1	3	18	0	0	3	2	1	30

（续）

地面调查参验证数据														
41	0	0	0	0	0	0	0	22	0	0	1	0		23
51	0	0	0	0	0	0	0	0	20	0	0	0		20
61	0	0	0	0	0	0	1	0	0	20	0	2		23
62	0	0	0	0	0	0	2	0	0	0	22	1		25
63	0	0	0	0	0	0	1	0	0	2	2	21		26
行总	24	27	26	25	24	27	28	25	24	22	26	27	25	330

$$\hat{K} = 0.7364$$

第七节　小流域景观生态类型划分

景观生态类型的划分就是依据景观内部水热状况的分异、物质与能量交换形式的差异以及反映到自然要素和人类活动的差异，按照一定的分类原则，将各类景观进行个体划分和类型归并的过程。由于不同学者对景观概念理解的不同，因而对景观分类的看法也不同，目前还没有一个统一的景观分类体系。本文根据樱桃沟小流域的景观特征，依据景观生态分类的一般性原则和一般步骤，将研究区景观生态类型大致划分为林地、灌草地、裸地、水体及城镇用地五类景观，详细的类型划分与相关描述见表4-11。

表4-11　樱桃沟小流域景观生态类型划分

分　类	景观生态类型	景观描述
林　地	次生林	小叶杨，刺槐50%≤林分郁闭度≤85%
灌草地	灌丛堆	荆条、酸枣、胡枝子，30%≤植被覆盖度≤45%
裸　地	废弃矿山、沙地	废弃矿山、裸露沙地
水　体	河流，湖泊	永定河、水工建筑
城镇用地	居民、建设用地	民宅、厂房、建设用地

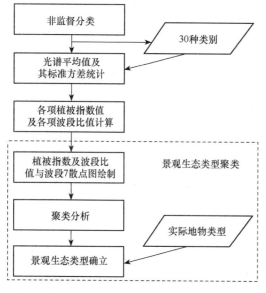

图4-6　基于多项植被指数的遥感影像非监督分类流程

遥感影像数据经过预处理之后，常采用非监督分类与监督分类等方法进行景观生态类型的划分。本文基于研究区景观生态类型分类体系，在综合采用非监督、监督分类方法的基础之上，将尝试性地把多项植被指数与波段比值指数利用到分类过程，分类流程如图4-6所示。

根据研究区各景观类型所对应的实际地物特征与2001、2005、2009三年的TM影像光谱特征，利用非监督分类与植被指数及波段比值聚类方法提取其中的5种类型，即林地、灌草地、裸地、水体及城镇用地，而另外几种具有典型地物特征的类型则通过监督分类（即典型地物提取）进行划分。最后通过类型叠加与图像整合，得到小流域景观生态类型的分类图。

一、植被指数与波段比值计算

为了尽可能全面地将所有遥感影像的原始数据参与到景观生态类型的解译与分类中，本文将采用的各项植被指数与波段比值指数进行列表，如表4-12所示，即归一化差异植被指数NDVI（Normalized Difference Vegetation Index）、差值植被指数DVI（Difference Vegetation Index）、比值植被指数RVI（Ratio Vegetation Index）、近红外光百分比植被指数IPVI（Infrared Percentage Vegetation Index）、土壤调整植被指数SAVI（Soil Adjusted Vegetation Index）以及波段比值指数Index1至Index9。根据各项植被指数与波段比值指数的计算公式，基于2001、2005、2009三年的TM影像非监督分类后的30类光谱类别的光谱平均值，分别计算出以上5种植被指数与9类波段比值指数数值，进行聚类分析。

表 4-12　各项植被指数及波段比值指数列表

指数类别	计 算 公 式	指数类别	计 算 公 式
NDVI	（Band4 − Band3）/（Band4 + Band3）	Index3	Band5/Band2
RVI	Band4/Band3	Index4	Band5/Band1
DVI	Band4 − Band3	Index5	Band4/Band2
IPVI	Band4/（Band4 + Band3）	Index6	Band4/Band1
SAVI	（Band4 − Band3）×（1 + L）/（Band4 + Band3 + L）	Index7	Band3/Band2
Index1	Band5/Band4	Index8	Band3/Band1
Index2	Band5/Band3	Index9	Band2/Band1

二、散点图绘制与景观生态类型聚类分析

本步骤实质上属于一个景观生态类型重编码的过程，即将30类非监督分类结果通过原始遥感影像不同的波段组合进行类别解析与归并。通过对不同植被指数、波段比值指数与中红外波段（即第7波段）所生成的散点图进行聚类分析，参照已知的实际地物类型，将非监督分类生成的30种类型依次聚类归并为相应的7种景观生态类型。为了将30种类型分别聚类归并到相应的7种类型中，首先将不同的植被指数及波段比值指数与原始影像中的第7波段的光谱平均值进行二维空间的散点图绘制；其次将不同的植被指数、波段比值指数及第7波段光谱平均值分别沿X、Y轴运算一次标准方差并作图；最后将落在一次标准方差范围内的所有类别认为具有最相近的光谱特征值，并将其归并为同一景观生态类型（图4-7）。

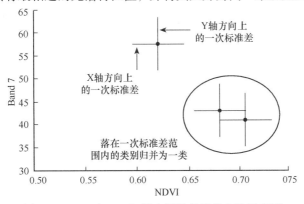

图 4-7　NDVI 与 Band7 散点图及其聚类方法示意图

基于植被指数、波段比值指数与 Band7 的散点图，结合野外考察的实际地物类型，参照以上聚类原则，便可将研究区的原始分类图像通过分类重编码生成非监督分类类型图。研究区 2001、2005、2009 三年的 TM 影像的景观生态类型聚类分析散点图如图 4-8 所示。从图 4-8 可

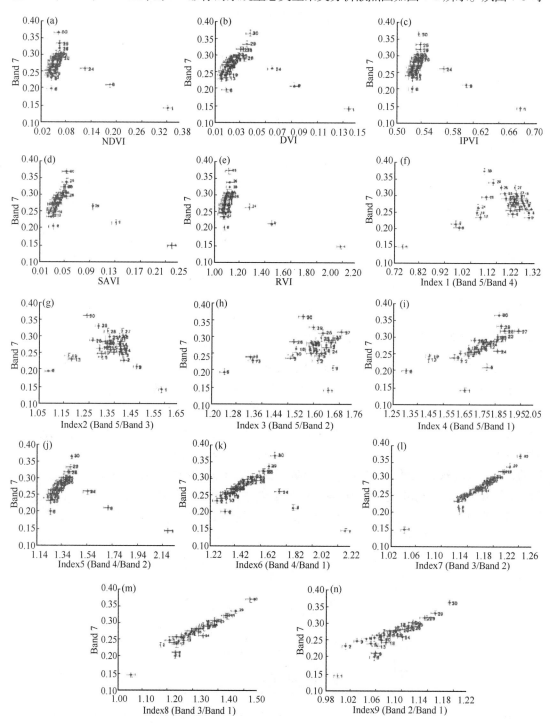

图 4-8　各项植被指数及波段比值指数与 Band7 散点聚类图

以看出，NDVI、DVI、IPVI、SAVI、RVI、Index5、Index6 与 Band7 的散点图具有较大的相似性。一方面，它们都能够很明显地将具有典型植被信息的类别分离出来，从而表现出植被类别具有较高的空间分离性特征；另一方面，其他植被指数值相对较低的类别却相互交织、混杂、叠加在一起，很难详细区分出其具体类别，从而又表现为非植被类别具有较差的空间分离性的特征。Index1、Index2、Index3、Index4 与 Band7 的散点图相对具有较好的类别空间分离性，比较有利于类别的聚类与划分。而 Index7、Index8、Index9 与 Band7 的散点图均明显地表现出各类别与 Band7 之间具有较大的线性相关性。因此，这些波段比值指数就不太利于划分出不同的光谱类别。

因此，针对研究区 2001 年 ETM + 影像的非监督分类，首先是基于对 NDVI、DVI、IPVI、SAVI、RVI、Index5、Index6 与 Band7 的散点图进行综合的、初步的聚类分析与评价，将空间分离性较好的植被类别与非植被类别粗略地划分、区别开来，然后再结合类别空间分离性较好的 Index1、Index2、Index3、Index4 与 Band7 的散点图进行详细的类别合并与划分，而没有将具有较大线性相关性的 Index7、Index8、Index9 与 Band7 的散点图参与到聚类分析过程中。

根据以上景观生态类型的聚类过程，结合研究区已知的实际地物类型，最终将具有 30 种类型的原始非监督分类图像归并为所需的 5 种已划分的景观生态类型。

三、典型地物提取

监督分类是一种人机交互进行分类的过程。即从遥感影像上选取能代表不同景观类型的某些区域作为训练区，然后再按照训练区影像特征进行人机交互分类。鉴于本文研究区的水域、城镇及人工建筑、废弃矿山等景观生态类型，无论在斑块数量还是面积上都不是太大，且它们均具有十分明显的地物特征。因此，本研究所采用的监督分类方法实质是依据人工目视判读方法进行的一种典型地物提取过程。

基于研究区 2001、2005、2009 三年的 TM 影像的 Band4、Band3 与 Band2 的假彩色合成图像，利用 ENVI 将具有较为明显影像特征（如城镇与人工建筑景观在合成影像中表现出纵横交错的街道、人造假山等；水域则呈现出不规则黑色多边形的特征；而废弃矿山则表现出具有明显轮廓边界的特征等）的典型地物依次提取，并完成数字化，再利用 ENVI 与 Arc GIS 9.2 一体化功能实现文件格式转换，生成监督分类类型图。

四、景观生态类型图叠加与整合

基于非监督分类图（含有 5 种景观生态类型）和监督分类图（含有 3 种景观生态类型），应用 Erdas Imagine 8.6 的 Overlay 模块完成研究区景观生态类型图的合并与叠加。樱桃沟小流域景观生态类型图的叠加与整合过程，实质上是一个分类重编码的过程，即分别重新赋予非监督分类图和监督分类图中各类别一个特定的 ID 值。由于它们具有相同的边界轮廓，因此，最终的类型整合图就具备了完整的类别特征与属性信息。

五、小 结

在景观生态学研究中，当利用遥感影像划分和解译景观生态类型时，其通常所采用的非监督分类方法虽然比较简单，不需要分类类别的先验知识，但其只能根据遥感影像各波段光谱性质把样本划分为若干类别，很难给出样本的具体景观类型；而监督分类方法则需要大量地选取各景观类型的训练区样本和掌握已知分类类别的先验知识。无论是非监督分类还是监督分类方法，由于都只是利用了地物的光谱统计特征，并没有充分利用到遥感影像所提供的其他多种信息，因此，在进行景观生态类型遥感解译与分类时并不全面，尤其是在针对小流域景观生态分类时更是具有一定的局限性。以本研究区为例，樱桃沟小流域景观位于我国华北地区，拥有面积相对稀少、类型相对简单、边界较为明显的植被景观类型，若在该地区进行详尽的地面调查，不但难度大，而且可操作性差，因此，无论是利用非监督分类方法还是监督分类方法均不会产生好的分类结果，而若能够充分利用遥感影像所提供的其他多种信息，如各类植被指数信息参与到小流域景观生态分类过程中，与单纯地基于遥感影像光谱信息所进行的常规的监督与非监督分类相比，可以明显地区分出含有不同植被信息的各类小流域景观生态类型。因此，对于小流域景观生态学研究而言，发展与探索多项植被指数在小流域景观生态类型的遥感解译与分类中的应用，未尝不是一种有益的尝试。

植被指数是近年来随着遥感技术的不断发展和应用的逐渐深入而产生的新的表现形式，由于各类植被指数都是由卫星遥感影像的不同波段信息组合计算得来，其不仅可以反映出不同植被类型特定的植被信息与区域地表植被的生长状况，而且还能够指示一定的景观生态质量优劣状况。因此，在实际的景观生态类型遥感解译与分类应用当中，尽可能全面地选取不同的植被指数进行综合分析，并结合常规的遥感影像监督与非监督分类方法，不但会发现新的信息，而且也会提高景观生态类型的遥感判读与解译能力。此外，由于各类植被指数均是利用遥感技术基于植物的反射光谱特征来实现的，受来自于大气、传感器观测条件、土壤湿度、土壤颜色与土壤亮度等因素的影响，使得每一种植被指数均具有自身的特点，也都有各自对绿色植被信息的特定表达方式。因此，植被指数并没有一个统一的数值，其研究结果也常常会出现不一致，在实际应用中亦应根据不同的研究区域、研究对象及研究目的，合理选用。

第八节　小流域景观动态研究

一、概　述

景观动态是景观遭受干扰时发生的现象，是一个复杂的多尺度过程，对绝大多数生物体具有极为重要的意义。景观动态分析是景观结构和功能随时间的变化过程，实质上包括了不同组分之间复杂的相互转化，是目前景观生态学研究中的一个新热点。景观动态研究往往首先从景观结构的变化入手，通过对景观结构动态的研究认识景观组分之间的各种相互作用、景观中各种流域的特征及景观变化的内在机制。景观结构具有两个关键特征：景观组成（Landscape Composition）和景观格局（Landscape Pattern），这两个特征既可以独立地也可以相互结合影响生态过程和有机体（McGarigal，2003）。景观组成是指与景观中每一种景观要素类型的存在和数量有关的特征，换句话说，景观组成指的是景观斑块的类型和数量，不考虑镶嵌体中斑块的空间位置。有许多方法能够对景观组成进行量化，如计算各种斑块类型面积占景观面积的比例、斑块丰富度、斑块均匀度、斑块多样性等。景观格局是指与景观中斑块的空间分布和组合有关的特征，其中某些特征如斑块隔离（Isolation）或斑块聚集（Contagion）是一种斑块类型相对于其他斑块类型和景观边界等的位置的量度，而另一些特征如斑块大小和形状是斑块空间特征的量度（肖笃宁，2010）。

目前，景观格局的定量描述主要分为两类：①通过作为景观结构单元斑块的统计来定量景观格局。这些景观指数从斑块个体的角度出发，它们在斑块水平上有明确的空间意义，如平均斑块面积、平均斑块形状、斑块密度等，它们描述斑块个体的空间特征。②通过对组成景观的斑块和矩质空间关系的统计来定量景观格局，如最近距离、聚集度等。景观中斑块个体的相对位置可以通过某些方法加以描述，这些指数表明生态过程和有机体受景观中各种类型斑块的分散和毗连的影响。

二、FRAGSTATS 软件包简介

本研究在景观格局与计算上使用了目前国际上最流行、功能最强的景观空间格局分析软件包 FRAGSTATS（Spatial Pattern Analysis Program for Quantifying Landscape Structure），该软件由美国 Oregon 州立大学的 McGarigal 和 Marks 共同开发。它有两个版本，矢量版本运行在 ARC/INFO 环境中，接受 ARC/INFO 格式的矢量图层；栅格版本可接受 ARC/INFO、IDRISI、ERDAS 等格式的格网数据（图4-9）。两个版本的区别在于：栅格版本可以计算最近距离、邻近指数和蔓延度，而矢量版本不能；另一个区别是对边缘的处理不同，由于栅格地图中，斑块边缘总是大于实际的边缘，因此栅格版本在计算边缘参数时，会产生误差，这种误差依赖于网格的分辨率。

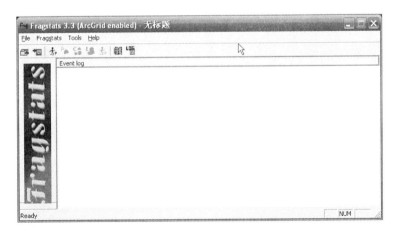

图 4-9　FRAGSTATS 软件界面

FRAGSTATS 软件功能强大，可以计算出几十个景观指数。这些指数分为三组级别，分别代表了三种不同的应用尺度：①斑块级别（Patch-level）指数，反映景观中单个斑块的结构特征，也是计算其他景观级别指数的基础；②斑块类型级别（Class-level）指数，反映景观中不同斑块类型各自的结构特征；③景观级别（Landscape-level）指数，反映景观的整体结构特征。FRAGSTATS 软件包提供的景观指数见表4-13。

表4-13　FRAGSTATS 软件包提供的景观指数

大类	类别	缩写	适用尺度
面积	斑块面积 (hm²)	AREA	斑块
	类型面积 (hm²)	CA	类型
	景观总面积 (hm²)	TA	类型/景观
	景观相似指数 (%)	LSIM	斑块/类型
	最大斑块指数 (%)	LPI	类型/景观
斑块密度,大小及差异性	斑块数量 (n)	NP	类型/景观
	斑块密度	PD	类型/景观
	平均斑块面积 (hm²)	MPS	类型/景观
	斑块面积标准差 (hm²)	PSSD	类型/景观
	斑块面积变异系数 (%)	PSCV	类型/景观
边缘	斑块周长 (m)	PERIM	斑块
	边缘对比度 (%)	EDCON	斑块
	总边缘长度 (m)	TE	类型/景观
	边缘密度 (m/hm²)	ED	类型/景观
	总边缘对比度指数 (m/hm²)	CWED	类型/景观
	对比度加权边缘密度 (%)	TECI	类型/景观
	平均边缘对比度指数 (%)	MECI	类型/景观
	面积加权平均边缘对比度指数 (%)	AWMECI	类型/景观
形状	形状指数	SHAPE	斑块
	分维数	FRACT	斑块
	景观形状指数	LSI	类型/景观
	平均形状指数	MSI	类型/景观
	面积加权平均形状指数	AWMSI	类型/景观
	双对数分维度	DLFD	类型/景观
	平均斑块分维度	MPFD	类型/景观
	面积加权平均斑块分维度	AWMPFD	类型/景观
核心区	核心区面积 (hm²)	CORE	斑块
	核心区数量 (n)	NCORE	斑块
	核心区指数 (%)	CAI	斑块
	核心区相似指数 (%)	LCAS	类型
	核心区总面积 (hm²)	TCA	类型/景观
	核心区数量 (n)	NCA	类型/景观
	核心区密度 (n/100hm²)	CAD	类型/景观
	斑块核心区平均面积 (hm²)	MCAI	类型/景观
	斑块核心区标准差 (hm²)	CASDI	类型/景观
	斑块核心区变异系数 (%)	CACVI	类型/景观
	核心区平均面积 (hm²)	MCA2	类型/景观
	核心区标准差 (hm²)	CASD2	类型/景观
	核心区变异系数 (%)	CACV2	类型/景观
	总核心区指数 (%)	TCAI	类型/景观
	平均核心区指数 (%)	MCAI	类型/景观
邻近	最近邻距离 (m)	NEAR	斑块
	邻近指数	PROXIM	斑块
	平均最近邻距离 (m)	MNN	类型/景观
	最近邻距离标准差 (m)	NNSD	类型/景观
	最近邻距离变异系数 (%)	NNCV	类型/景观
	平均邻近指数	MPI	类型/景观
多样性	Shannon 多样性指数	SHDI	景观
	Simpson 多样性指数	SIDI	景观
	修改 Simpson 多样性指数	MSIDI	景观
	斑块丰富度 (n)	PR	景观
	斑块丰富度密度 (n/100hm²)	PRD	景观
	相对斑块丰富度 (%)	RPR	景观
	Shannon 均匀度指数	SHEI	景观
	Simpson 均匀度指数	SIEI	景观
	修改 Simpson 均匀度指数	MSIEI	景观
聚集与分散	分散度与连接度 (%)	IJI	景观/类型
	聚集度 (%)	CONTAG	景观

三、景观特征指数的选取

景观格局指数是景观格局不同侧面特征的概括、提炼和定量反映，能够高度浓缩景观格局信息，反映其结构组成和空间配置等某些方面特征的简单定量指标。随着对景观格局研究的深入，格局指数的数量和复杂程度也在不断增加，目前在景观格局研究中用到的指数大约有 60 个左右。在众多的景观格局指数之间，往往产生大量冗余，而且有些指标的生态学意义并不明确，甚至互相矛盾（陈文波等，2002）。另外，很多景观指数的提出都有其特定的应用背景，如大多数边缘指数和核心区指数都来源于野生动物保护方面的研究，而很多形状指数都是在森林破裂化研究中提出的。因此，使用者必须在全面了解每个指标所指征的生态意义及其所反映的景观结构侧重面的前提下，依据各自研究的目标和数据来源与精度来选择合适的景观指数。

本文在对景观指数计算时采用的是 FRAGSTATS 的栅格版，选择了 8 个类型水平和景观水平指数。在类型水平上选择了 5 个景观指数，包括：斑块类型面积（CA）、斑块个数（NP）、斑块面积百分比（PLAND）、最大斑块指数（LPI）、斑块密度（PD）；在景观水平上选择了 3 个景观指数，包括：斑块个数（NP）、最大斑块指数（LPI）、斑块密度（PD）。

这些指数可以分成两部分，即景观结构单元特征指数和景观异质性指数（Landscape Heterogeneity Index），目的是要了解小流域各种景观要素和总体景观结构的动态特征。由于斑块指数往往作为计算其他景观指数的基础，而其本身对了解整个景观的结构并不具有很大的解释价值（邬建国，2000），因此，没有使用斑块水平指数。

（一）景观结构单元特征指数及生态学意义

1. 斑块类型面积（CA）

$$CA = \sum_{j=1}^{n} a_{ij}\left(\frac{1}{10\ 000}\right) \tag{4-21}$$

式中：CA 是某一斑块类型中所有斑块的面积之和（hm^2），即某斑块类型的总面积；a_{ij} 是 i 类 j 个斑块的面积。斑块面积是景观内物种多样性的重要决定因素，它可以描述景观粒度，在一定意义上揭示景观破碎化程度。

2. 斑块个数（NP）

$$NP = N \tag{4-22}$$

式中：N 是景观中斑块的总数，取值范围：$NP \geqslant 1$，无上限。斑块数是衡量景观破碎化程度的指标之一，其在景观水平上和类型水平上的生态学意义都比较容易理解，因此常用斑块数来指示景观或生境的破碎化。在景观水平上，当研究区域的大小、分辨率、各类型景观要素的相对面积等条件保持不变时，总斑块数随类型数目的增加而增加。

3. 平均斑块面积（MPS）

$$MPS = \frac{\sum_{j=1}^{n} a_{ij}}{n_i}\left(\frac{1}{10\ 000}\right) \tag{4-23}$$

式中：a_{ij} 是 i 类 j 个斑块的面积；n_i 是某个类型的斑块数。MPS 代表一种平均状况，景观中 MPS 值的分布区间对图像或地图的范围以及对景观中最小斑块粒径的选取有制约作用；另一方面 MPS 可以表征景观的破碎程度，其值越小表明景观或类型的破碎程度越大。

4. 斑块面积变异系数（PSCV）

$$PSCV = \frac{PSSD}{MPS} \times 100 \tag{4-24}$$

式中：$PSSD$ 为整个景观的或某景观斑块类型的斑块面积标准差；MPS 为整个景观的平均斑块面积或某景观斑块类型的平均斑块面积。$PSCV$ 表示斑块面积大小的差异程度或离散程度。

5. 斑块面积百分比（PLAND）

$$PLAND = \frac{\sum_{j=1}^{m} a_{ij}}{A} \tag{4-25}$$

式中：i 为斑块类型；j 为斑块的数目；a_{ij} 是 i 类 j 个斑块的面积；A 是总的景观面积。$PLAND$ 主要用于描述景观由少数几个主要的景观类型控制的程度。$PLAND$ 越大，则表明组成景观的各类型所占比例差值越大，或者说明某一种或少数景观类型占优势；$PLAND$ 小则表明组成景观的各种景观类型所占比例大致相当。

6. 最大斑块指数（LPI）

$$LPI = \frac{\max_{j=1}^{n}(a_{ij})}{A} \tag{4-26}$$

式中：LPI 表示最大斑块指数；a_{ij} 是 i 类 j 个斑块的面积；A 是总的景观面积。LPI 表示最大斑块占据整个景观面积的比例，该指数有助于确定景观的优势类型，其值的变化可以反映干扰的强度和频率及人类活动的方向和强弱。

7. 面积加权平均形状指数（AWMSI）

$$AWMSI = \sum_{j=1}^{n} \left[\left(\frac{p_{ij}}{2\sqrt{\pi a_{ij}}} \right) \left(\frac{a_{ij}}{\sum_{j=1}^{n} a_{ij}} \right) \right] \tag{4-27}$$

式中：P_{ij} 为斑块 ij 的周长；a_{ij} 是 i 类 j 个斑块的面积。$AWMSI$ 是度量景观空间格局复杂性的重要指标之一，并对许多生态过程都有影响，如斑块的形状影响物质和能量的迁移、植物的种植与生产效率；对于自然斑块或自然景观的形状分析还有另一个很显著的生态意义，即常说的"边缘效应"。

8. 面积加权平均斑块分维数（AWMPFD）

$$AWMPFE = \sum_{j=1}^{n} \left[\left(\frac{2\ln p_{ij}}{\ln a_{ij}} \right) \left(\frac{a_{ij}}{\sum_{j=1}^{n} a_{ij}} \right) \right] \tag{4-28}$$

式中：P_{ij} 为斑块 ij 的周长；a_{ij} 是 i 类 j 个斑块的面积。$AWMPFD$ 是反映景观格局总体特征的重要指标，它在一定程度上也反映了人类活动对景观格局的影响。一般来说，受人类活动干扰小的自然景观的分数维值高，而受人类活动影响大的人为景观的分数维值低。应该指出的是，尽管分数维指标被越来越多地运用于景观生态学的研究，但由于该指标的计算结果严重依赖于空间尺度和格网分辨率，因而我们在利用 $AWMPFD$ 指标来分析景观结构及其功能时要更为审慎。

9. 散布与并列指数（IJI）

$$IJI = \frac{- \sum_{k=1}^{m} \left[\left(\frac{e_{ik}}{\sum_{k=1}^{m} e_{ik}} \right) \ln \left(\frac{e_{ik}}{\sum_{k=1}^{m} e_{ik}} \right) \right]}{\ln(m-1)} \times 100 \qquad (4-29)$$

式中：e_{ik} 为景观中斑块类型 i 和 k 之间的边缘总长度。IJI 是描述景观空间格局最重要的指标之一，其取值越小，说明与该景观类型相邻的其他类型越少，当 $IJI = 100$ 时，说明该类型与其他所有类型完全等量相邻。IJI 对那些受到某种自然条件严重制约的生态系统的分布特征反映显著，如山区的各种生态系统严重受到垂直地带性的作用，其分布多呈环状，IJI 值一般较低；而干旱区中的许多过渡植被类型受制于水的分布与多寡，彼此邻近，IJI 值一般较高。

10. 斑块密度（PD）

$$PD = \frac{N}{A}; PD_i = \frac{N_i}{A} \qquad (4-30)$$

式中：PD 为景观的斑块密度；PD_i 为景观类型的斑块密度；N 为总的斑块数；N_i 为某一类型的景观的斑块数；A 是总的景观面积。利用斑块密度可以研究不同类型景观的破碎化程度及整个景观的破碎化状况，从而识别不同景观类型受干扰的程度，同时也能反映出景观的空间异质性程度。

11. 边缘密度（ED）

$$ED = \frac{E}{A} 10^6 \qquad (4-31)$$

式中：E 表示景观中边界长度（即斑块周长之和）；A 为景观面积。ED 是研究在景观范围内，单位面积上景观边界的长度，反映景观的破碎程度，其大小直接景观边缘效应及物种组成（杨瑞卿，2002）。

（二）景观异质性指数及生态学意义

1. Shannon 多样性指数（SHDI）

$$SHDI = - \sum_{k=1}^{n} P_k \ln(P_k) \qquad (4-32)$$

式中：n 为景观中斑块类型的总数目，P_k 是第 k 类斑块占景观总面积的比例。$SHDI$ 是一种基于信息理论的测量指数，在生态学中应用很广泛。该指标能反映景观异质性，特别对景观中各斑块类型非均衡分布状况较为敏感，即强调稀有斑块类型对信息的贡献，这也是与其他多样性指数不同之处。在比较和分析不同景观或同一景观不同时期的多样性与异质性变化时，$SHDI$ 也是一个敏感指标。如在一个景观系统中，土地利用越丰富，破碎化程度越高，其不定性的信息含量也越大，计算出的 $SHDI$ 值也就越高。

2. Shannon 均匀度指数（SHEI）

$$SHEI = \frac{-\sum_{k=1}^{n} P_k \ln P_k}{\ln n} \tag{4-33}$$

$SHEI$ 与 $SHDI$ 指数一样也是我们比较不同景观或同一景观不同时期多样性变化的一个有力手段。而且，$SHEI$ 与优势度指标（Dominance）之间可以相互转换（即 evenness = 1-dominance），即 $SHEI$ 值较小时优势度一般较高，可以反映出景观受到一种或少数几种优势拼块类型所支配；$SHEI$ 趋近 1 时优势度低，说明景观中没有明显的优势类型且各拼块类型在景观中均匀分布。

3. 景观聚集度（CONTAG）

$$CONTAG = \left[1 + \sum_{i=1}^{m} \sum_{j=1}^{n} \frac{P_{ij} \ln(P_{ij})}{2\ln(m)} \right](100) \tag{4-34}$$

式中：P_{ij} 为斑块 ij 的周长。$CONTAG$ 指标描述的是景观里不同拼块类型的团聚程度或延展趋势。由于该指标包含空间信息，是描述景观格局的最重要的指数之一。一般来说，高蔓延度值说明景观中的某种优势斑块类型形成了良好的连接性；反之则表明景观是具有多种要素的密集格局，景观的破碎化程度较高。

本研究景观格局分析是在 Arc/Info 软件和 Fragstat3.3 软件的套用下完成的。在 Arc/Info 平台支持下，首先将矢量格式的景观类型分布图转换成栅格格式，在 Fragstat3.3 中设置相关参数文件，再进行不同时段的景观格局分析。景观类型的转移，是将不同时段的景观类型分布图，在 Arc/Info 平台支持下执行 Overlay 操作，获取不同时段同一地块的土地利用类型编码，从而建立景观类型转移矩阵。

四、小流域景观格局变化分析

（一）景观类型水平动态特征

1. 景观类型面积变化

图 4-10 至图 4-12 分别给出了小流域从 1986～2006 年不同景观要素类型的面积比较及其变化情况。从图中可以看出，小流域土地利用变化有如下特点：耕地面积从 1986 年开始至 1999 年呈逐年增加趋势，由占门头沟区面积的 18.02% 增加到 21.78%。1999 以后耕地面积又呈逐年减少趋势，由占全区面积的 21.78% 减小到 19.28%。前一个阶段耕地面

积的增加主要由于人口的快速增长，加之落后的农业生产力，使得人类对耕地面积的需求逐年加大；后一个阶段耕地面积的减少主要是由于国家实行退耕还林（草）政策、农业科技的快速发展及大量农民外出务工，减小了对耕地的需求。耕地面积的变化主要为旱耕地的变化。林地面积从 1986 年开始逐年增加，从占全区总面积的 4.53% 增加到 11.01%，增加了 43 745hm^2。林地的增加不仅表现为面积的增长，而且林地的质量也有较大提高，覆盖度较高的有林地及灌木林地增幅较大，疏林地面积变化不太明显。林地的变化主要是由于近些年的植树造林及封禁政策，植被得到快速恢复。草地的变化与耕地恰好相反，从 1986～1999 年逐年减少，1999 年以后又逐年增加，草地的变化主要表现为中盖度草地的变化。居民工矿用地从 1986 年开始逐年增加，从占全区面积的 0.82% 增加到 1.92%。未利用地在 1999 年以前变化较小，1999 年以后开始大幅度减少，未利用地的减少主要表现为裸地的减少。水域从 1986～2006 年的 20 年中变化较小。

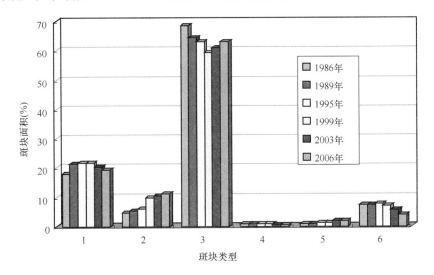

图 4-10 小流域不同时期 Ⅰ 级分类斑块面积百分比（PLAND）比较

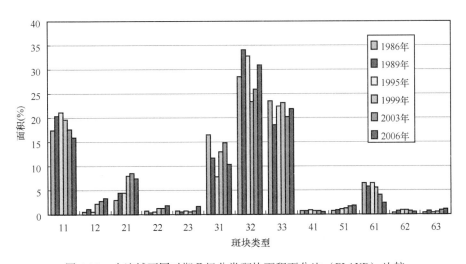

图 4-11 小流域不同时期 Ⅱ 级分类斑块面积百分比（PLAND）比较

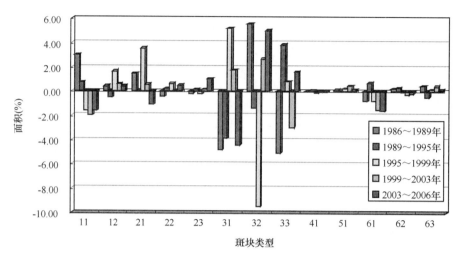

图4-12 小流域不同景观类型面积变化

因此，小流域未来土地利用结构调整战略上，应通过退耕还林、植树造林、封山禁牧等方法逐步增加林地面积，减少未利用地面积。在经济和科技同时发展的情况下，通过农产品深加工、引进新的农作物、提高农业产量等措施，适当降低耕地面积，实现以小流域土地综合整治为中心，全面推进生态恢复与重建。

2. 景观类型的格局变化特征

（1）斑块大小特征及变化　小流域不同时期斑块大小相关指数见图4-13至图4-16。

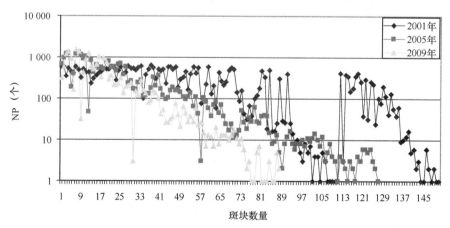

图4-13 小流域不同时期类型水平斑块数（NP）比较

由图4-13至图4-16可知，小流域从2000年以来的10年间，居民工矿用地斑块数逐年增加，旱地、有林地、高盖度草地、中盖度草地、荒地及裸地呈现出先增加后减少的趋势，其他类型土地斑块数变化不太明显；从Ⅰ级分类来看，不同时期平均斑块面积顺序为灌草地＞耕地＞林地＞未利用地＞水域＞居民建设用地，主要是由于该区草地面积在土地利用中占有绝对的优势，成集中连片分布，虽然面积较大，但斑块数较少。农田虽然分布比较分散，但农田的斑块大小比较均匀，大幅度变化的相对较少，表现出平均斑块面积较大。从土地利用Ⅱ级分类来看，变化主要集中在高盖度草地与低盖度草地，除个别年份

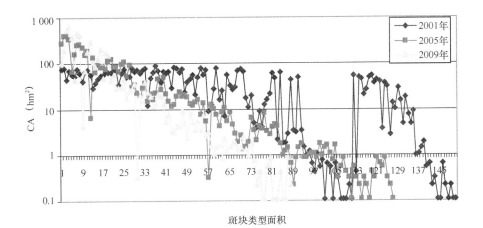

图 4-14 小流域不同时期斑块类型面积（CA）比较

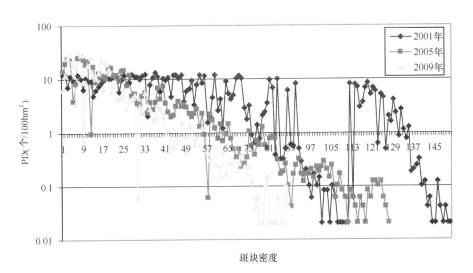

图 4-15 小流域不同时期斑块密度（PD）比较

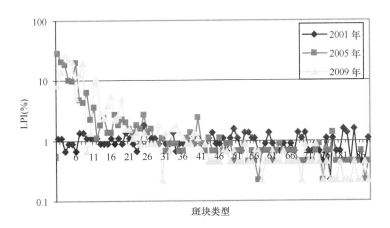

图 4-16 小流域不同时期类型水平最大斑块指数（LPI）比较

外，这两种类型中总体上呈逐年减小的趋势，其他类型变化不太明显。变异系数总体上呈现初期增大后期减小的趋势，说明这几种景观类型斑块面积的离散程度初期增大后期减小。不同类型之间中盖度草地的变化最为明显，特别是随着该区的生态修复和退耕还林（草）工程的实施，这种差异更趋明显，斑块面积的离散程度增加。从最大斑块指数来看，高盖度草地、中盖度草地与低盖度草地明显高出其他类型，有林地的 LPI 在升高，而旱地和疏林地的 LPI 却在降低。这些变化标志着该区在实施生态环境建设措施后，有林地和草地的面积及平均斑块面积均在增加，这些都有利于该区的生态环境的改善及生物多样性的保护。

（2）斑块在景观中的分布状况及变化特征　图 4-17 至图 4-19 是 2001～2009 年小流域不同时期的各景观指数散布与变化。从该图可以看出，不同时期各种斑块类型的值介于 0～700 之间，并主要集中在 0～100 和 300～600 之间，说明这些类型在区域内的分布是比较均匀的。散布变化较大的为水浇地，并且整体上呈下降的趋势，说明与水浇地邻接类型减少。高盖度草地、中盖度草地、低盖度草地及水域总体上也呈下降趋势，其原因是由于近些年的矿山开采，植被破坏迅速，并逐步转化为沙地和裸地，成为该区的主要基质斑块。但随着废弃矿山生态治理工程的实施，在良好的水热条件下，植被生长和恢复迅速，灌草地又开始转变为主要基质斑块（图 4-17 至图 4-19）。

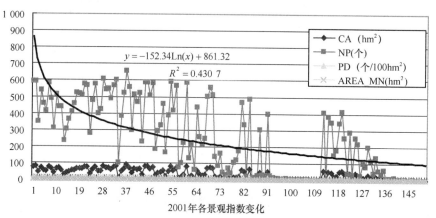

图 4-17　2001 年小流域景观指数的比较

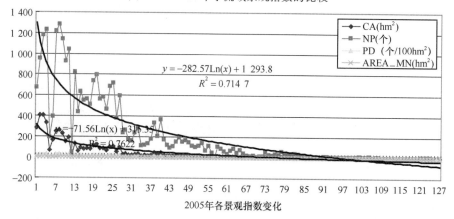

图 4-18　2005 年小流域景观指数的比较

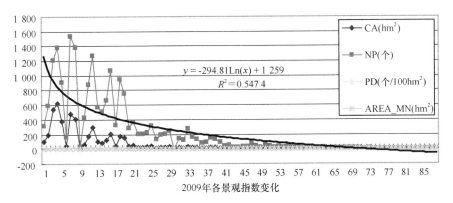

$$y = -294.81\text{Ln}(x) + 1\ 259$$
$$R^2 = 0.547\ 4$$

图 4-19　2009 年小流域景观指数的比较

总之，自然景观类型的形状比人为景观类型的形状更为复杂，但它们的变化都不明显，其原因在于小流域近些年在生态治理上以生态修复为主，虽然实施过一些工程治理，但相对来说主要以一些试点工程为主，涉及范围较小，从而表现出 AWMSI 和 AWMPFD 的变化波动较小，差异不明显。

（二）景观水平动态变化特征

小流域景观水平主要景观指数见表 4-14。这些指数从区域的整体角度出发，表现了斑块的分布、形状、大小、多样性等景观格局特征。

表 4-14　小流域景观水平主要景观指数比较

指　数	1986 年	1989 年	1995 年	1999 年	2003 年	2006 年
NP	2 074	2 281	2 557	2 532	2 702	2 143
PD	0. 307 3	0. 338	0. 378 9	0. 375 2	0. 400 4	0. 317 5
MPS	325. 403 2	295. 87 3	263. 936 7	266. 542 8	249. 772 9	314. 926
PSCV	1 030. 198 3	947. 047 5	1 052. 137 1	910. 002 7	577. 308	758. 923 9
LPI	16. 948	12. 566 7	16. 682	13. 304 4	6. 337 3	11. 399 5
AWMSI	9. 872 9	9. 558 4	10. 604	9. 492 2	7. 117 4	7. 889 6
AWMPFD	1. 203	1. 201	1. 208 9	1. 199 4	1. 190 2	1. 190 8
IJI	66. 804 8	65. 090 2	64. 371 7	70. 653 6	72. 147 7	73. 422 3
ED	18. 788 9	20. 618 5	22. 421 9	22. 448 4	24. 028 9	20. 782 9
SHDI	1. 810 6	1. 807 2	1. 791 9	1. 955 3	1. 976 5	1. 945 1
SHEI	0. 705 9	0. 704 6	0. 698 6	0. 762 3	0. 770 6	0. 758 4
CONTAG	67. 371 3	61. 181 1	61. 222 4	57. 924 8	57. 240 9	58. 330 7

从表 4-14 可以看出，1986～2003 年，小流域斑块数目（NP）、斑块密度（PD）和边缘密度（ED）逐年增加，斑块数从 207 4 块增加到 270 2 块，斑块密度从 0.307 3 增加到0.400 4，边缘密度从 18.788 9 增加到 24.028 9，2003 年后斑块数减少到 214 3 块，斑块密度减少到 0.317 5，边缘密度减少到 20.782 9；平均斑块面积（MPS）与前三者的变化趋

势恰好相反，1986～2003 年逐年减小，从 325.403 2 减小到 249.772 9，2003 年后开始增加，增加到 314.926。以上景观指数变化表明，1986～2003 年景观的破碎度逐年加大，景观异质性增加，2003 年后景观破碎度降低，景观异质性减弱。最大斑块指数（LPI）和变异系数（PSCV）均呈波动性变化，但变化的幅度较小，说明斑块面积的离散度也呈小幅度波动性变化。不同时期景观的形状指数（AWMSI）和面积加权平均分维数（AWMPFD）的差异性较小，说明斑块形状的规则性及斑块边缘复杂程度变化较小。景观多样性（SHDI）、均匀度（SHEI）、聚集度（CONTAG）和散布与并列指数（IJI）的变化分为两个阶段，即 1986～1995 年和 1995～2006 年，第二阶段的多样性、均匀度散布与并列指数高于第一阶段，聚集度低于第一阶段，表明景观面积在 1995～2006 年较 1986～1995 年在不同类型之间的分配更加均匀，景观的异质性增加，有利于生态系统的自身调节，增加了抗御自然灾害风险的能力。第二个阶段的散布与并列指数增大，聚集度下降，说明景观中各种类型斑块在空间上的分布出现均衡化，景观中某一类或某几类元素的优势度降低且连通性减小。

第九节　结　论

（1）本章以小流域土地利用/覆被 I 级、II 级分类数据为基础数据库，选取 8 个景观结构单元特征指数和景观异质性指数，采用景观指数计算软件 Fragstats 对选取的指数进行计算，揭示了小流域景观类型水平和景观水平动态变化特征。

（2）樱桃沟小流域土地利用/覆被变化中耕地面积从 1986～1999 年呈逐年增加趋势，1999 年以后耕地面积又呈逐年减少趋势；林地面积从 1986 年开始逐年增加；草地的变化主要表现为中盖度草地的变化，其变化趋势与耕地恰好相反，1986～1999 年逐年减少，1999 年以后逐年增加；居民及建设用地从 1986 年开始逐年增加；未利用地在 1999 年以前变化较小，1999 年以后开始大幅度减少，未利用地的减少主要表现为裸地的减少。

（3）樱桃沟小流域从 1986 年以来的 20 年间，低盖度草地和居民建设用地斑块数量逐年增加，旱耕地、有林地、中盖度草地、裸地呈现先增加后减少的趋势，其他类型土地斑块数量变化不明显。从 I 级分类来看，不同时期平均斑块面积大小顺序为草地＞农田＞林地＞未利用地＞水域＞居民建设用地。从土地利用 II 级分类来看，MPS 的变化主要集中在高盖度草地与低盖度草地，除个别年份外，MPS 在这两种类型中总体上呈逐年减小的趋势，其他类型的 MPS 变化不明显。PSCV 变化总体上呈初期增大后期减小的趋势，说明这几种景观类型斑块面积的离散程度初期增大后期减小。

（4）不同时期各种斑块类型的散布与并列指数（IJI）值介于 40～80 之间，并主要集中在 60～80 之间，说明这些用地类型在区域内的分布是比较均匀的。

（5）从斑块类型的面积加权平均斑块形状指数（AWMSI）和面积加权平均斑块分维数（AWMPFD）来看，不同时期斑块类型的 AWMSI 和 AWMPFD 中盖度草地和低盖度草地最大，且变化最为明显，均呈波动性变化，高盖度草地次之。从变化来看，居民地、建设用地和流动沙地的 AWMSI 和 AWMPFD 逐年增加，说明它们的斑块形状趋于规则，边缘复杂程度增加，其他类型的变化则不明显，呈微小波动变化。

（6）在景观水平上，1986～2003年，小流域斑块数目（NP）、斑块密度（PD）和边缘密度（ED）逐年增加，2003年三者又开始减少；平均斑块面积（MPS）与前三者的变化趋势恰好相反，1986～2003年逐年减小。以上景观指数变化表明，1986～2003年景观的破碎度逐年加大，景观异质性增加，2003年后景观破碎度降低，景观异质性减弱。最大斑块指数（LPI）和变异系数（PSCV）均呈波动性变化，但变化的幅度较小，说明斑块面积的离散度也呈小幅度波动性变化。不同时期景观的形状指数（AWMSI）和面积加权平均分维数（AWMPFD）的差异性较小，说明斑块形状的规则性及斑块边缘复杂程度变化较小。景观多样性（SHDI）、均匀度（SHEI）、聚集度（CONTAG）和散布与并列指数（IJI）的变化分为两个阶段，即1986～1995年和1995～2006年，第二阶段的多样性、均匀度散布与并列指数高于第一阶段，聚集度低于第一阶段，表明景观面积在1995～2006年较1986～1995年在不同类型之间的分配更加均匀，景观的异质性增加；第二个阶段的散布与并列指数增大，聚集度下降，说明景观中各种类型斑块在空间上的分布出现均衡化，景观中某一类或某几类元素的优势度降低且连通性减小。

第五章 小流域水资源承载力分析研究

第一节 概 述

一、水资源承载力概念

承载力（Carrying Capacity，Bearing Capacity）是一个起源于古希腊时代的古老概念，具有悠久的历史。但在长期的发展过程中，承载力从来没有摆脱模糊性和不确定性，使其始终作为一个概念或应用性结果存在，而没有发展起自己的理论体系。

承载力的概念来源于生态学的研究。在生态学中，承载力一般被定义为"某一生境所能支持的某一物种的最大数量"。在 1921 年帕克和伯吉斯就将承载力的概念用于人口问题的研究，他们认为在某地区特定环境条件（主要指生存环境、营养物质、自然资源等因子的配合）下，区域的人口数量存在最高极限，即可以通过该地区的食物资源来确定区域内的人口承载力（朱一中等，2002；冯尚友等，2000；徐东川，2007）。

随着资源短缺与人类社会发展矛盾的不断加剧，承载力的概念有了进一步发展。20 世纪 80 年代初，联合国教科文组织提出了资源承载力的概念，并已被广泛采用，其定义为：一个国家或地区的资源承载力是指在可预见的时期内，利用本地资源及其他自然资源和智力、技术等条件，在保护符合其社会文化准则的物质生活水平下所持续供养的人口数量。资源承载力主要是探讨人口与资源的关系，研究较早且比较充分的是土地承载力。经过几十年的发展，承载力概念已涉及许多资源领域。

区域水资源承载力（Regional Water Carrying Capacity）的理论研究，是继土地资源承载力之后，研究比较多的一部分。国际上单项研究的成果较少，大多将其纳入可持续发展理论中，如从供水角度对城市水资源承载力进行相关研究，并将其纳入城市发展规划中；Rijiberman 等在研究城市水资源评价和管理体系中将承载力作为城市水资源安全保障的衡量标准；Harrs 着重研究了农业生产区域水资源农业承载力，将此作为区域发展潜力的一项衡量标准。

国内在承载力方面的研究起步较晚。20 世纪 80 年代末，新疆软课题组首次对新疆的水资源承载力和开发战略进行了研究，并明确提出了水资源承载力的概念。但迄今为止水资源承载力研究仍然没有形成一个科学、系统的理论体系，即便是关于水资源承载力的定义，国内外也没有统一的认识，许多学者都提出了自己的观点。施雅风认为水资源承载力是指某一区域的水资源，在一定社会历史和科学技术发展阶段，在不破坏社会和生态系统时，最大可承载的工业、农业、城市规模和人口的能力，是一个随社会、经济、科学技术发展而变化的综合指标。1997 年刘昌明在"水与可持续发展"一文中指出,区域水资源的承载力是可能提供给社会与经济的潜在水量中对工、农业城市等部门起发展支撑作用的那部分水量。国家"九五"科技攻关"西北地区水资源合理配置和承载能力研究"项目将水资源承载能力定义为在某一具体的历史发展阶段,以可以预见的技术、经济和社会发展水平为依据、以可持续发展为原则、以维护生态环境良性发展为条件,经过合理的优化配置,水资源对该地区社会经济发展的最大支撑能力。冯尚友定义的水资源承载力概念与其一致。

综合这些定义,对于水资源承载力的理解可以概括为如下几点。

(1) 系统性的观点　水资源承载力是对社会经济和生态环境的综合承载能力,是可以承载人口、经济发展与生态服务功能发挥的综合能力。

(2) 极限性的观点　水资源承载力是指在某一可预见的发展阶段,水资源对社会经济发展水平和生态环境保护规模的最大支撑能力。

(3) 动态性的观点　水资源承载力是伴随区域自然水环境的演变和经济技术水平变化而不断变化的一个变量。同一区域在不同的历史阶段其水资源承载力是不同的。

因此,区域水资源承载力是一个具有自然、社会双重属性的概念,反映了水资源系统满足社会经济系统的能力,其大小取决于区域自然环境、水资源量、社会经济技术水平等诸多因素,综合了时间维和空间维。因此,水资源承载力的概念主要应包含两层意思:一是社会承载力,涉及人口和经济的承载能力;二是自然承载力,它与自然本身的资源、环境和生物过程有关,如水资源本身恢复、更新所依赖的环境,水环境的承载能力等。

二、水资源承载力的内涵

水资源承载力主要受自然因素和社会因素两方面的影响,而这 2 个方面又相互联系、相互制约。水资源承载力主要有下面 3 个内涵特征。

(一) 可持续性内涵

可持续发展的基本定义是:既能满足当代需要,同时又不损及未来世代满足其需要之发展。区域水资源承载力的前提条件是"维持生态环境的良性循环",对社会的支持方式是"持续供养",这充分体现了区域水资源承载力的持续内涵。水资源承载力的可持续性内涵包含 2 个方面的含义:一是水资源的开发利用方式的可持续性,它不是单纯追求经济增长,而是在保护生态环境的同时,促进经济增长和社会繁荣,保证人口、资源、环境与经济的协调发展。水资源的可持续性利用不是掠夺性的开发利用水资源,威胁子孙后代的发展能力,而是在保护后代人具有同等发展权利的条件下,合理地开发、利用水资源;二是水资源承载力增强的持续性,即无论以何种方式进行水资源承载力增强过程的操作,随着社会的持续发展,水资源承载力的增强总是持续的。基于区域水资源承载力的持续内涵,就可澄清"水资源承载力"和"水资源承载能力"概念间的辩解。

(二) 社会经济内涵

社会经济系统是水资源承载的主体,系统的结构、组成、状态影响承载力的大小,因此区域水资源承载力具有社会经济内涵。区域水资源承载力的社会经济内涵主要表现在三个方面；一是区域水资源承载力是以"预期的经济技术发展水平"为依据，这里预期的经济技术水平主要包括区域水资源的投资水平、开发利用和管理水平；二是区域水资源承载力是"经过合理的水资源优化配置"而得到的，区域水资源优化配置是一种典型的社会经济活动行为；三是区域水资源承载力的最终表现为"区域经济规模和人口数量"。人口和相应的社会体系是区域水资源承载的对象，因此水资源承载力的大小是通过人口以及相对应的社会经济水平和生活水平体现出来。

（三）时空内涵

水资源承载力具有明显的空间内涵，指水资源承载力都是针对某一具体区域进行的，水资源是一定区域上的水资源，不仅不同区域水资源系统有着不同的分布特征，而且相同数量的水资源在不同的区域上，由于地形地貌、水文地质、气象条件的不同，区域水资源的分布特征是不同的，相应的水资源承载力也是不同的。

综上所述，水资源承载力具有社会经济方面的内涵，具有主观性的一面，社会经济系统的优化可以提高水资源的承载能力；社会经济的内容包括所有生态经济服务方面，而不局限于与传统的 GDP 指标相类似的生产性经济收益，综合效用应当作为承载的对象或客体；概念上的水资源承载力对应着最大的可持续人均效用水平，即对应着最大可能的可持续发展水平。当然，由于人类认知水平等因素的限制，这种最优发展水平一般是无法达到的，从而通常只能是相对最优的水平（朱一中等，2002）。

三、水资源承载力的特性

在不同的时间、空间、生态与社会经济状况下，水资源承载力的绝对值是不同的。这个值取决于该地的生态环境系统与社会经济系统。因此，水资源承载力具有以下特性。

（一）空间变异性

在不同区域，相同水资源量的承载力是有差异的。我们知道，生态环境是由各个自然要素组合成的统一体。水资源是其中的重要组成成分之一。而且在对生态环境响应过程中，水资源是一种灵敏度较高的因素，水资源可利用量的多少可直接反映该生态环境的稳定性。所以当生态环境较弱时，水资源的承载力相对较小，反之则较高。水资源承载力的空间变异性，要求人们在一定时期内，人类活动应根据空间差异进行合理布局，协调好区域之间的发展，从整体上最大限度地合理利用水资源。

（二）时变性

水资源承载力随着时间而变化，同时又不断地受到社会、经济系统愈来愈强的作用。这种特性要求人们的经济行为既要适应时间的变化，同时又要发挥主观能动性，对水资源承载力进行调控。因此水资源承载力具有特定的时间内涵。

（三）可控性

区域水资源承载力的大小，一方面受制于生态环境中的物质与结构，另一方面，受控于人类社会经济活动的发展。

（四）有限性

水资源承载力有限性是指在某一具体的历史环境阶段，水资源承载力由于受到区域水资源条件、社会经济技术水平和生态环境等的约束，是有界的。

水资源承载力的空间变异性和时变性说明水资源承载力是可以认识的，有限性和可控性体现了水资源承载力与人的关系，而被承载模式的多样性则决定了水资源承载力研究是一个复杂的决策问题（朱一中等，2002）。

四、水资源承载力与可持续发展的具体联系

20 世纪 70 年代，全球爆发了一场"停止增长还是继续发展"的争论。1987 年联合国世界环境与发展委员会（WCED）发表了《我们共同的未来》报告。报告中正式提出可持续发展的概念，明确表达了两个基本观点：一是人类要发展，尤其是穷人要发展；二是发展有限度，不能危及后代人的发展。报告还指出，当今存在的发展危机、能源危机、环境危机都不是孤立发生的，而是传统的发展战略造成的。要解决人类面临的各种危机，只有改变传统的发展方式，实施可持续发展战略。

一个持续发展的社会，有赖于水资源持续供给的能力；有赖于其生产、生活和生态功能的协调；有赖于水资源系统的自然调节能力和社会经济的自组织、自调节能力；有赖于社会的宏观调控能力、部门之间的协调行为，以及民众的监督与参与意识。其中任何一个方面功能的削弱或增强都会影响其他方面，从而影响可持续发展进程。

因此，承载力与可持续发展在某种意义上是相一致的，是一个事件的两个方面，可持续发展解决的核心问题是人口、资源、环境与发展问题，而承载力要解决的核心问题也是资源、环境、人口与发展问题，不同之在于考虑问题的角度不同，承载力可以说是从"脚底"出发，根据自然资源与环境的实际承载能力，确定人口与社会经济的发展速度，而可持续发展是从一个更高的角度看问题，但终究不能脱离自然资源与环境的束缚。所以说，可持续发展是目标，人是纽带，承载力是可持续发展的基石。

五、我国水资源承载力规划的目标

水资源规划作为经济发展总体规划的重要组成部分和基础支撑规划，其目标就是要在国家的社会和经济发展总体目标要求下，根据自然条件和社会经济发展情势，为水资源的可持续利用与管理，制定未来水平年（或一定年限内）水资源的开发利用与管理措施，以利于人类社会的生存发展和对水的需求，促进生态环境和国土资源的保护。我国 2002 年水资源综合规划技术大纲提出，水资源综合规划的目标是："为我国水资源可持续利用和管理提供规划基础，要在进一步查清我国水资源及其开发利用现状，分析和评价水资源承载能力的基础上，根据经济社会可持续发展和生态环境保护对水资源的要求，提出水资源合理开发、优化配置、高效利用、有效保护和综合治理的总体布局及实施方案，促进我国人口、资源、环境和经济的协调发展，以水资源的可持续利用支持经济社会的可持续发展"。

水资源承载力指标对水资源规划有很重要的指示作用，水资源规划的有很多目标，包括通过修建各种水利工程，调节水资源的时空分布，推进水资源充分利用，满足日益增长的社会经济用水需求。这些目标往往可以归结为获得经济效益，调整地区收入，促进充分就业，推动和支持经济增长，保护自然环境和恢复生态等。

不难看出，由于水资源服务功能的多目标性，水资源规划的目标也往往具有多目标性，并且随着水资源规划必须考虑的范围越来越大，涉及的系统越来越复杂，水资源规划的多目标性就越来越突出。因此，如何综合利用水资源、协调各种目标之间存在的矛盾、满足不同利用部门（也包括自然生态环境）对水的需求，成为现代水资源规划最基本的研究内容。

由此看出，计算水资源承载力的一般任务和内容是进行"水资源调查评价、水资源开发利用情况调查评价、需水量预测、节约用水、水资源保护、供水预测、水资源配置及总体布局、实施方案及其效果评价"。

第二节 研究背景

水资源的重要性已得到国际社会的共识，水资源短缺已经成为世界上许多国家普遍面临的问题。随着世界性水资源问题的日益突出，许多国家和地区十分重视水资源和社会经济发展科学合理配置的研究。

一、我国水资源开发利用现状

我国幅员辽阔，水资源总量为 $2.8 \times 10^{13} \, m^3$，居世界第四位，但人均仅水资源占有量仅为 $2\,200 \, m^3$，只有世界人均占有量的 $1/4$。按耕地平均，我国每公顷耕地拥有的水资源量为 $21\,150 \, m^3$，为世界平均水平的 $1/2$，在世界排第 101 位（按 149 个国家统计，统一采用联合国 1990 年人口统计结果），已经被联合国列为 31 个贫水国家之一。因此水资源是我国十分珍贵的自然资源。

我国水资源主要具有以下四个特点：水资源总量大、人均占有量小，我国水资源地区分布不均、年际季节变化大，水旱灾害频繁，平原区地下水分布广泛，开发条件优越。

我国水资源面临的形势非常严峻，如果在水资源开发利用上没有大的突破，在管理上不能适应这种残酷的现实，水资源将很难支持国民经济迅速发展的需求，水资源危机将成为所有资源问题中最为严重的问题，将威胁我国经济和社会的可持续发展，前景令人十分忧虑。

二、研究区域水资源问题

北京市人均水资源量不足 $300 \, m^3$，多年平均降水 $585 \, mm$，境内水资源总量为 $37.3 \times 10^8 \, m^3$。由于近十年来降水量减少，北京市的水资源量少于 $373 \times 10^8 \, m^3$。2003 年平原区地下水平均埋深 $18.33 \, m$，比 1950 年下降 $11.09 \, m$。近 50 年来，北京地区已多次出现比较严重的用水危机，特别是自 1999~2004 年出现连续 6 个枯水年。据国务院批复的《21 世纪初期首都水资源可持续利用规划》预测，2001 年全市遇平水年缺水达 $61.51 \times 10^8 \, m^3$。

三、生态需水量研究

（一）水利工程现状

流域沟道内早年曾修建有塘坝等蓄水措施，沟道内共计七座塘坝，根据设计库容，塘坝保持正常蓄水位可蓄水 $3.32 \times 10^4 m^3$，水面面积 $5\ 800 m^2$；2008 年通过沟道水环境综合治理，新形成水体蓄水量 $15\ 000 m^3$，水面面积 $18\ 000 m^2$。蓄水量共计 $4.82 \times 10^4 m^3$，水面面积 $23\ 800 m^2$。

（二）降雨分析

本流域面积为 $48.87 km^2$，多年平均降雨量为 $514.4 mm$，其中可调蓄利用水资源以塘坝水的形式存在，塘坝多年平均年蓄水可利用量为 $95.73 \times 10^4 m^3$。

依据蒸发量计算公式，樱桃沟流域水域年蒸发量为 $1\ 900 mm$，陆地年蒸发量 $450 mm$。流域水面面积共计 $23\ 800 m^2$，年蒸发损失 $16\ 422 m^3$。

（三）用水量调查统计

樱桃沟小流域用水中，农村生活用水量变化不大。农业用水随着耕地面积的减少，用水量减少。但是随着流域内植被恢复，生态耗水增加。工业用水量随着流域内产业的发展发生变化，随着矿山关停，工业用水量大幅度下降（表 5-1）。

表 5-1　樱桃沟小流域用水量

年份	农村生活用水量（$\times 10^4 m^3$）	工业用水量（$\times 10^4 m^3$）	农业用水量（$\times 10^4 m^3$）	第三产业用水量（$\times 10^4 m^3$）	总用水量（$\times 10^4 m^3$）
2003	4.29	25.46	63.54	8.02	101.31
2004	4.42	26.59	52.41	13.56	96.98
2006	3.79	16.21	51.76	17.51	89.27
2007	3.69	9.17	50.78	20.36	84.00
2008	3.63	5.41	52.41	25.41	86.86

（四）可利用水资源分析估计

1. 可利用地表水资源量

樱桃沟内的地表水主要以塘坝蓄水的形式存在，采用 1956～2000 年 45 年平均降水量计算，多年平均降水量为 $139.96 \times 10^4 m^3/a$，经塘坝蓄积，小流域内地表可利用地表水量为 $95.73 \times 10^4 m^3/a$。

2. 可利用地下水资源量

多年平均地下水可开采资源量可根据泉水流动量动态监测、地下水实际开采量计算。根据担礼 196 号地下水观测孔资料显示，近年来妙峰山地区岩溶地下水水位呈季节性规律变化，区域地下水水质良好，根据北京市地质工程勘察院提供樱桃沟流域最新水资源调查评价报告，樱桃沟小流域内的地下水可采资源量为 $24.52 \times 10^4 \mathrm{m}^3/\mathrm{a}$。

3. 水资源可利用总量

樱桃沟内多年平均地表水资源可利用量为 $95.73 \times 10^4 \mathrm{m}^3/\mathrm{a}$；地下水可利用资源量按实际开采量为 $24.52 \times 10^4 \mathrm{m}^3/\mathrm{a}$。总水资源可利用量按下式计算：

$$Q_{总} = Q_{地表} + Q_{地下} - Q_{重}$$
$$Q_{重} = p(Q_{灌渗} + Q_{坝渗})$$

式中：$Q_{总}$ 为水资源可利用总量；$Q_{地表}$ 为地表水资源可利用总量；$Q_{地下}$ 为地下水资源可开采量；$Q_{重}$ 为重复计算量；p 为可开系数，是地下水资源可开采量与地下水资源量的比值；$Q_{灌渗}$ 与 $Q_{坝渗}$ 分别为塘坝水用于浇灌果林和坝下渗漏补给地下水资源量（潘兴瑶等，2007）。

通过计算，樱桃沟内地表与地下可利用水资源的重复量为 $0.59 \times 10^4 \mathrm{m}^3/\mathrm{a}$，则水资源可利用总量为 $119.66 \times 10^4 \mathrm{m}^3/\mathrm{a}$。

樱桃沟小流域水资源每年可利用量为119.66万 m^3，地表水资源经过合理的开发利用，能够满足生活、农业、工业用水，不会对地下水造成太大影响（图5-1）。

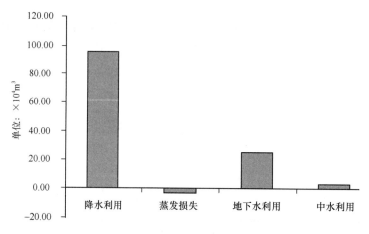

图5-1　樱桃沟可利用水资源量

第三节　水资源评价体系

一、水资源承载力评价指标的设计

在我国北方地区，水资源天然赋存条件相对较差，受生产和生活活动的影响，使得这些地区的用水量逐年增加，普遍存在水源地长时间超负荷供水、水源结构失衡、过分依赖地下水，导致地下水位下降等问题。生产、生活废水和废物的排放又使区域水环境进一步恶化、水污染加重、生态系统退化。此外，在水资源开发利用中仍然普遍存在着用水效率不高、水资源浪费的现象。这些水资源开发利用中存在的问题综合起来导致区域水资源承载能力逐步下降，影响人类社会的可持续发展（王浩 等，2002；黄初龙 等，2006）。

（一）区域水资源系统关系

区域系统是个复杂的巨系统，它包括了社会经济系统、水资源系统和生态环境系统。中国水利科学研究院提出的水循环"二元"结构理论把区域水循环分为：以"大气水—地表水—土壤水—地下水"转化为基本特征的天然主循环和由"取水—输水—用水—排水—回归"构成的人工侧支水循环。流域水循环系统同时支撑着天然生态系统和社会经济系统，人工侧支水循环存在于流域天然水循环的大框架下。流域水循环结构的分化，导致流域水资源评价内容和目标的分化，其中水资源调查评价的对象是天然水循环要素和过程。水资源开发利用调查评价的对象是次生的人工侧支水循环要素和过程。基于流域水资源二元演化模式的承载力评价，其最大的进展在于不仅考虑了水资源对社会经济系统的承载能力，同时还考虑了对脆弱生态系统的承载能力，以及生态系统对社会经济系统的承载能力。进行水资源承载力计算时，不仅应考虑作为被承载客体的社会经济用水格局和用水效率，而且应考虑作为承载主体的资源系统为达到可持续发展目的而发生的自身用水需求（王顺久等，2003）。

随着社会、经济用水需求的提高，人工侧支水循环通量不断增加，占总水循环通量的比例也越来越高。特别在平原地区随着社会经济的发展，人类过度开发水资源，必然改变原有的水量平衡和生态平衡，另外，在水资源总量短缺和水环境条件相对较差的情况下，社会经济快速发展对水资源系统形成的压力迅速传递给区域自然生态系统，生活和生产用水抢占生态用水，导致区域生态系统需水量得不到满足，生态环境质量下降，所以区域的社会经济发展和生态环境改善都与水资源条件密切相关。随着国民经济的飞速发展，水资源需求量愈来愈大。大量开采地下水，导致地下水位下降，与地下水位关系密切的一些林草植被随之退化，从而引发了一系列生态环境问题（王浩，2006）。

本次水资源承载力的研究从区域系统的角度出发，注重区域水资源开发过程中形成的区域系统关系。水资源承载力研究是为社会经济发展和生态环境保护提供用水安全，实现水资源的可持续利用，因此将水资源承载力界定在区域社会经济—水资源—生态环境复合系统层面。

区域复合系统的一般结构关系如图5-2所示。

由图5-2可以看出，由于水资源系统是连接社会经济系统和生态环境系统的桥梁，只有实现了水资源在两个系统间的平衡关系才能保证区域整体的可持续发展。同时，三者之间是相辅相成的关系，如果水资源被社会经济过分占据，经过一系列反馈过程，最终导致区域生态环境的全面恶化。生态系统的崩溃，反过来会严重阻碍社会经济的发展，使区域社会和经济处于不可持续发展的境地。因此，弄清楚各系统效应之间的相互作用，是正确构建水资源承载力评价指标体系的前提，也是全面评价区域水资源承载力的关键。

（二）区域水资源承载力评价指标体系

定量评价区域水资源承载力问题，是水资源可持续开发利用的前提条件和有益补充。在对区域水资源承载能力进行量化时，如果没有一套明确的、清晰的衡量标准，则很难将水资源承载力评价变为一种可操作的管理手段，用于指导实际工作。特别对于系统零散的信息，建立评价指标体系和进行综合评价是一种行之有效的手段。对水资源承载力进行评

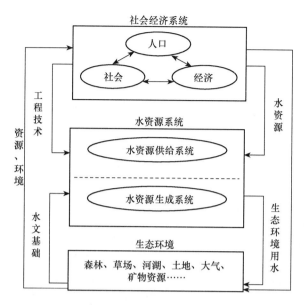

图 5-2　评价结构关系

价，首先必须确定一套评价指标（闵庆文，2004）。

　　国外对于承载力评价指标的研究成果鲜有报道。WahsIey 对全世界范围内的流域水资源可持续管理的评价指标体系的研究和应用情况进行了一次调查，发现在全世界仅有五个流域管理机构制订了评价指标，并且这些指标的制订也没有遵循一定的科学方法。这一调查结果虽然是针对流域可持续管理的评价，但是在目前，对水资源承载力评价指标的研究仍有一定的参考作用。

　　国内很多学者在这一方面进行了许多有益的探讨，傅湘等在全国水资源供需平衡分析的指标体系中共选取了七个相对性评价指标（傅湘等，2002）。惠沨河对关中地区水资源承载力评价时，充分考虑了社会经济系统—生态环境系统—水资源系统的相互关系，提出了包括社会经济承载力、水资源容量、可供水量、需水量等四大层次，多个指标的水资源承载力评价指标体系（惠沨河，2001；蒋晓辉，2001）。夏军根据可持续水资源管理的定义、准则和系统结构关系，提出了一套适用于可持续水资源管理的评价指标体系，从社会经济、水资源开发利用、生态环境和综合指标来考察区域的水资源可持续管理水平（夏军，2000）。

　　1. 水资源承载力指标体系制定原则

　　水资源承载力影响因素是多方面的，主要有水资源的数量、质量及其开发利用程度、生产力水平、消费水平与结构、科学技术、人口与劳动力、其他资源潜力和其他因素如政策、法规、市场、宗教、传统、心理等，各个因素之间又相互影响。对水资源承载力的评价一方面要遵循水资源承载力的一般要求，另一方面还要充分考虑研究区域水资源及其开发的特点和社会经济发展水平，充分了解水资源承载力各个因素之间的关系。

　　指标的建立是综合评价的根本条件和理论基础，指标体系构建的成功与否决定了评价效果的真实性和可行性。由于区域水资源承载力评价体系的结构复杂、层次众多，子系统间既有相互作用，又有相互间的输入和输出，某些元素的改变可能导致整个系统的变化。

因此，在众多指标中选择那些最灵敏、便于度量且内涵丰富的主导性指标作为评价指标，并不是一件容易的事情。

为了客观、全面、科学地衡量区域水资源承载力，在研究和确立指标体系时，应遵循如下指导准则。

（1）科学性原则　指标的选取充分借鉴国内外已有的研究成果，在总结已有研究成果的基础上，结合小流域实际情况选定水资源承载力的评价指标。

（2）综合性原则　选择的指标一定要能全面地反映区域的概况和特点。其中综合指标最能反映问题，对水资源承载力评价指标的选取要特别注意综合性指标的选取，同时应结合小流域具体情况，选出能突出区域水资源承载能力特点的评价指标。

（3）层次性原则　水资源承载力的评价从区域可持续发展的角度来看，是对整个区域社会经济系统—水资源系统—生态环境系统组成的复杂大系统的可持续发展水平的评价。指标体系应分层明显，同时确定指标层次能很好地防止指标的遗漏。

（4）易操作性原则　评价指标应尽量选取那些容易得到的、有明确定义和计算方法的指标。

（5）独立性原则　水资源承载力指标是一个庞大的指标体系，各指标间有着复杂的相互作用关系，很多指标间含义重叠，在指标选取时尽量避免同类指标的重复。

（6）简洁性原则　在制定指标体系时，本着用较少的指标反映较多问题的原则，指标选择应尽量简洁。

2. 评价指标体系的构造

首先是进行元素构造，即明确评价指标体系应由哪些指标组成，各指标的概念、评价范围、计算方法、计量单位等。其次是结构构造，主要是对指标体系中所有指标之间的相互关系、层次结构以及与部门、国家总体宏观统计指标的关系进行分析，以保证整个指标体系的系统性和完整性。

根据对问题的初步研究，建立指标体系的层次递阶结构。将系统分为若干组成部分或元素，按照属性的不同把这些元素分成若干组，每一组构成一个层次，层次之间互不相交。同一层次的元素作为准则，对下层次的部分元素起支配作用，同时它又受上一层次元素的支配，因而形成了自上而下逐层支配的递阶层次结构形式（图5-3）。递阶层次结构中的层次数与问题的复杂程度及所需详细分析的程度有关，一般来说，层次数不受限制。一个好的层次结构对于解决问题是极为重要的，因而层次结构必须建立在决策者对所面临的问题有全面深入认识的基础上。

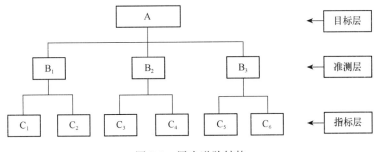

图5-3　层次递阶结构

区域复合系统整体发展及其各子系统之间的相互协调关系是制定区域水资源承载力评价指标体系的主要依据。根据区域系统的关系，建立区域水资源承载力评价指标体系框架如图 5-4 所示。

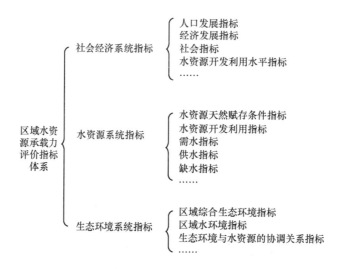

图 5-4 水资源承载力评价指标体系

3. 评价指标的筛选

在实际应用中，不是指标越多越好。按照以上建立的区域水资源承载力评价指标框架必须对各项具体评价指标进行筛选。指标的筛选关键在于指标能否反映评价问题的本质。指标过多，一方面引起评价判断上的错觉，另一方面容易导致其他指标权重过小，造成评价结果失真。目前多数研究由于指标数据获取方面的困难，为了减小数据量和突出问题，将水资源承载力评价指标个数控制在 10 个以内，多数评价结果只是说明区域发展的整体趋势，定量化研究不够深入。对于小区域来说，适当增加评价指标个数有利于提高评价的准确性。指标权重是判断指标相对重要性的度量，因此可利用权系数判断法，即剔除权系数较小的指标，进行指标筛选。一般的指标权数以 0.1 较为合适，当指标权数小于 0.1 时可以认为其影响较小而舍弃。

4. 评价指标体系框架设计

门头沟区社会经济发展水平相对较高，人类活动频繁，水资源具有多功能资源的特点，这些因素决定了水资源承载力以水资源为主要控制因子，以社会系统和自然系统协调发展为核心，最终追求区域全面可持续发展。水资源承载力评价指标体系的建立必须体现这一主导思想。

按区域复合系统的三大子系统：社会经济系统、水资源系统和生态环境系统得到水资源承载力评价指标体系的三个准则：社会经济准则层、水资源准则层和生态环境准则层（潘兴瑶等，2007）。结合樱桃沟小流域水资源及社会经济发展状况，确定了樱桃沟小流域水资源承载力综合评价的 8 项评价指标。

（1）社会经济系统指标 社会经济发展水平是水资源系统发展变化最原始、最关键的驱动力指标，可分为经济发展指标和人口指标两大类。水资源承载力的超载，一般是由于经济的快递发展和人口的增长导致需水量的增加，因此经济发展指标是驱动力指标中最关键的指标之一，经济发展指标可用人均 GDP，GDP 增长率、产业结构合理水平、人均工业总产值、人均农业总产值、人均收入等来表示。人均 GDP 是一个综合性的指标可以作为经济发展指标的首选指标，第三产业比重是表征区域产业结构水平的主要指标。计算公式为：

$$GDP_p = GDP_t / PT$$
$$SP = GDP_s / GDP_t$$

式中：GDP_p 是人均 GDP（元/人），GDP_t 是 GDP 总量（元），PT 是总人口数（人），SP 是第三产业比重（%），GDP_s 是第三产业 GDP（元）。

人口因子是一切资源需求和压力的根源，伴随着人口数量的增加和人民生活水平的提高，一方面推动了经济的发展，另一方面也增加了生产和生活的需水量。同时生产和生活排污增多，加大了区域水资源的压力，使水资源的循环再生能力减弱，降低了区域水资源承载能力。

人口指标同经济指标一样，是区域水资源承载力评价的重要指标，人口指标可以用人口密度、人口增长率和城镇化水平等指标来表示，人口密度指标综合体现了区域人口数量水平，是首选的人口指标。计算公式为：

$$PD = PT / S$$

式中：PD 是人口密度（人/km²），S 是区域总面积（km²）。

另外，考虑到社会经济发展水平是用水水平的主要决定因素，因此将用水水平指标也作为社会经济指标之一。用水水平指标表示社会经济指标直接作用于水资源系统之上，使水资源系统发展变化的指标，与经济和人口指标一样，它是促使水资源发展变化的外力，不同的是经济和人口指标是"隐式"的，而用水水平指标是"显式"的。对于水资源承载力的评价而言，用水指标是由于社会经济发展对水资源的需求产生的，水资源需求指标包括综合需水指标、工业需水、农业需水、人民生活需水等指标。

为了避免指标间的重复现象，也为了简化指标体系，用水水平指标仅用一个综合指标即万元 GDP 用水量表示。它反映了区域综合用水水平，涵盖了农业用水水平、工业用水水平和生活用水水平三方面。其计算公式为：

$$WPG = WU / GDP_t$$

式中：WPG 是万元 GDP 用水量（m³/万元），WU 是总用水量（m³）。

（2）水资源系统指标 主要包括水资源条件指标和供水水平指标两项。水资源条件指标是区域水资源系统的基础，主要受自然条件如年降水量、年地表径流量、地下水补给量等方面的制约，其评价指标主要包括人均水资源量、干旱指数、径流系数和下渗补给系数等指标。樱桃沟小流域面积较小，后几项指标的空间差异很小，为了避免指标间的重复，因此只取一个综合指标——人均水资源量作为区域水资源量的评价指标。其计算公式为：

$$WP = (SW + GW) / PT$$

式中：WP 是人均水资源量（m^3/人），SW 是地表水资源量（m^3），GW 是地下水资源量（m^3）。

区域供水水平评价指标主要是在区域水资源条件的基础上，通过水利工程投资和水资源规划使区域供水能力增强、供水结构趋于合理，从而实现区域供需水平衡。在北方干旱平原区水资源天然赋存条件较差的情况下，开发新水源的能力是表征区域供水水平的主要方面，描述区域供水水平的指标主要有人均水资源可利用量、水资源开发利用率等指标。为了避免同人均水资源量指标的重复，仅选择水资源开发利用率作为供水水平的评价指标。

水资源开发利用率是表征实际利用水资源量占水资源总量的比例，也代表区域可利用水资源量的潜力水平，其计算公式为：

$$WUP = WU/WR$$

式中：WUP 是水资源开发利用率（%），WR 是水资源总量（m^3）。

（3）生态环境系统指标　区域生态环境是区域水资源可持续开发利用的基础。因此，评价水资源承载力的生态环境指标应该包括水环境指标和区域生态环境指标。其中，废污水处理率是指生产和生活排放的污水经过污水处理设施处理后再排放到河道中的再生水量占污水排放总量的比例，其计算公式为：

$$WM = AMW/WO$$

式中：WM 是废污水处理率（%），AMW 是污水厂实际处理量（$\times 10^4 m^3$），WO 是污水排放总量（m^3）。

生态用水指标是描述生态系统同水资源系统之间协调程度的指标，满足生态环境需水是保证水资源可持续利用的关键之一。用生态需水率作为生态需水的指标，计算公式为：

$$PEW = EWR/WS$$

式中：PEW 是生态需水率（%），EWR 是生态需水量（$\times 10^4 m^3$），WS 是可利用水资源量（$\times 10^4 m^3$）。

樱桃沟小流域水资源承载力具体评价指标体系如表5-2所示。

表5-2　樱桃沟水资源承载力评价指标

目标层	准则层	因素层	指标描述
水资源承载力评价指数	社会经济系统指标	C_1 人均GDP（元）	可总体判断趋于社会经济水平
		C_2 三产比重（%）	表征区域经济结构合理程度
		C_3 人口密度（人/km^2）	表征人口数量的综合指标
		C_4 万元GDP用水量（m^3/万元）	反映区域综合用水水平
	水资源系统指标	C_5 人均水资源量（m^3/人）	反映区域水资源丰度
		C_6 水资源开发利用率（%）	表征区域水资源开发利用潜力
	生态环境系统指标	C_7 污水处理率（%）	反映水环境的发展趋势
		C_8 生态需水率（%）	反映生态环境同水资源系统的协调程度

（三）指标权重

通过邀请一些经验丰富的专家和相关方面的人员，比较指标间的重要程度，构造评价矩阵（潘兴瑶等，2007），确定樱桃沟小流域水资源承载力评价指标权重的结果见表5-3。

表5-3　指标权重计算结果

准则层	准则层权重	目标层	目标层权重
社会经济系统指标	0.539 6	C_1 人均GDP（元）	0.262 6
		C_2 三产比重（%）	0.191 6
		C_3 人口密度（人/km²）	0.232 1
		C_4 万元GDP用水量（m³/万元）	0.313 7
水资源系统指标	0.163 4	C_5 人均水资源量（m³/人）	0.581 0
		C_6 水资源开发利用率（%）	0.419 0
生态环境系统指标	0.297 0	C_7 污水处理率（%）	0.390 6
		C_8 生态需水率（%）	0.609 4

（四）指标标准的确定

指标评价标准的确定是多因素综合评价的关键之一，各指标的评价标准直接关系到最终评判结果的科学性。由于水资源承载力评价以可持续发展为总的指导原则，以实现水资源可持续利用为最终目标，所以水资源承载力评价指标评价标准的确定应面向可持续发展，应有利于水资源的开发利用和保护，而且具有可操作性（潘兴瑶等，2007）。本次评价标准的确定是在充分借鉴国内外其他学者研究成果的基础上，遵循不同的指标标准确定原则。对大多数指标，以国内外已有研究成果为确定依据，对于没有规定标准的指标如人均GDP、第三产业比重等，通过参考北京市平均水平、全国平均水平，结合樱桃沟实际确定该项指标的上限和下限。对于那些缺少明确标准的指标，通过请教专家和当地水务部门，确定其可接受的上下限。水资源承载力各指标的评价标准见表5-4。

表5-4　评价指标标准

准则层	目标层	V	IV	III	II	I
		很强	较强	中等	较弱	很弱
社会经济系统指标	C_1 人均GDP（元）	>35 000	21 000~35 000	7 000~21 000	4 000~7 000	<4 000
	C_2 三产比重（%）	>60	50~60	30~50	20~30	<20
	C_3 人口密度（人/km²）	<10	10~100	100~200	200~400	>600
	C_4 万元GDP用水量（m³/万元）	>60	50~60	30~50	15~30	<15
水资源系统指标	C_5 人均水资源量（m³/人）	>2 200	1 700~2 200	1 000~1 700	500~1 000	<500
	C_6 水资源开发利用率（%）	<10	10~40	40~50	50~60	>60
生态环境系统指标	C_7 污水处理率（%）	>80	60~80	40~60	20~40	<20
	C_8 生态需水率（%）	>40	30~40	20~30	10~20	<10

二、各项评价指标值的确定

由于本研究中建立的指标数量较多，为了使原始资料翔实、准确，进行了大量的资料收集和整理工作，并将不同方面得来的资料和数据进行比较，对于涉及到的很多变化性的指标，在实际工作中多次进行实地调查确认。

各项指标数据主要来源于门头沟区政府各部门的年鉴、调查、统计和评价。本研究以2008年作为现状年，2004、2006年为现状对比年，现状年及其对比年的各项指标取值见表5-5。

表5-5　樱桃沟现状评价指标

准则层指标	具 体 指 标	樱桃沟小流域		
		2004	2006	2008
社会经济系统指标	C_1 人均GDP（元）	51 497	73 449	75 448
	C_2 三产比重（%）	13	15	29
	C_3 人口密度（人/km²）	48.2	41.3	39.6
	C_4 万元GDP用水量（m³/万元）	88	86	49
水资源系统指标	C_5 人均水资源量（m³/人）	1 405	1 883	2 363
	C_6 水资源开发利用率（%）	24	28	31
生态环境系统指标	C_7 污水处理率（%）	23.8	27.6	31.76
	C_8 生态需水率（%）	2.1	3.9	4.6

三、模糊综合评判

（一）模糊单因子评判计算

对水资源承载力各影响因素进行评价时，首先将各地区的实测数据根据评价指标，按照提供的隶属度计算公式，计算每个指标实测值相对于各级评价标准的隶属度 r_{ij}，也就是单因素模糊评价矩阵 R。将这些隶属度矩阵列表，每个大网格中的数据代表一个矩阵，由于指标体系的准则层指标为3个，因而构成了3个评价矩阵（表5-6）。

表5-6　模糊隶属度矩阵计算结果表

	2004 年					2006 年					2008 年				
	很强	较强	中等	较弱	很弱	很强	较强	中等	较弱	很弱	很强	较强	中等	较弱	很弱
	V	IV	III	II	I	V	IV	III	II	I	V	IV	III	II	I
R_1	0.8510	0.1490	0.0000	0.0000	0.0000	0.9230	0.0770	0.0000	0.0000	0.0000	0.9262	0.0738	0.0000	0.0000	0.0000
	0.0000	0.0000	0.0000	0.2083	0.7917	0.0000	0.0000	0.0000	0.2500	0.7500	0.0000	0.0000	0.4000	0.6000	0.0000
	0.0756	0.9244	0.0000	0.0000	0.0000	0.1522	0.8478	0.0000	0.0000	0.0000	0.1711	0.8289	0.0000	0.0000	0.0000
	0.9242	0.0758	0.0000	0.0000	0.0000	0.9194	0.0806	0.0000	0.0000	0.0000	0.0000	0.45	0.55	0.0000	0.0000
R_2	0.0000	0.0786	0.9214	0.0000	0.0000	0.0000	0.8660	0.1340	0.0000	0.0000	0.6973	0.3027	0.0000	0.0000	0.0000
	0.0333	0.9667	0.0000	0.0000	0.0000	0.0000	0.9000	0.1000	0.0000	0.0000	0.0000	0.7500	0.2500	0.0000	0.0000
R_3	0.0000	0.0000	0.0000	0.6900	0.3100	0.0000	0.0000	0.0000	0.8800	0.1200	0.0000	0.0000	0.0880	0.9120	0.0000
	0.0000	0.0000	0.0000	0.1938	0.8062	0.0000	0.0000	0.0000	0.2252	0.7748	0.0000	0.0000	0.0000	0.2404	0.7596

（二）一级准则层指标模糊评判计算

构造模糊隶属度矩阵以后，将各指标权重值与对应的隶属度矩阵进行矩阵合成计算，即可得到一级评判结果。这里的权重值是指各项指标相对于准则层权重的大小。根据前文用 AHP 法所得的指标权重计算结果，各指标权重可以构造成行矩阵。

$W_1 = (0.2626, 0.1916, 0.2321, 0.3137)$，$W_2 = (0.5810, 0.4190)$，$W_3 = (0.3906, 0.6094)$。

根据上述结果和矩阵的数值，利用公式

$$B_i = W_i \cdot R_i = (b_1, b_2, \cdots, b_n)$$

进行矩阵合成计算，可得到各分区一级评判结果。结果如表 5-7 所示。表中数据为准则层各指标对应的各评价等级的隶属度，按照最大隶属度原则，选取每行中的最大值所对应的评价级别即为该指标所达到的级别。将各年一级模糊评价结果列于表 5-7 中。

表 5-7 一级准则层指标模糊评判结果

年份	一级指标	很强 V	较强 Ⅳ	中等 Ⅲ	较弱 Ⅱ	很弱 Ⅰ	评价结果	综合评分
2004	R_1	0.5309	0.2775	0.0000	0.0399	0.1517	V	0.6992
	R_2	0.0140	0.4507	0.5353	0.0000	0.0000	Ⅲ	0.5957
	R_3	0.0000	0.0000	0.0000	0.3876	0.6124	Ⅰ	0.1775
2006	R_1	0.5661	0.2423	0.0000	0.0479	0.1437	V	0.7078
	R_2	0.0000	0.8802	0.1198	0.0000	0.0000	Ⅳ	0.6760
	R_3	0.0000	0.0000	0.0000	0.4810	0.5190	Ⅰ	0.1962
2008	R_1	0.2829	0.2118	0.2492	0.1150	0.0000	V	0.5620
	R_2	0.4051	0.4901	0.1048	0.0000	0.0000	Ⅳ	0.7601
	R_3	0.0000	0.0000	0.0344	0.5027	0.4629	Ⅱ	0.2143

从表中我们可以看出，按照这种最大隶属度原则判别法，仅用 Ⅰ 至 Ⅴ 5 个级别来评判各分效应的最终结果，评判结果有点粗糙，掩盖了其他隶属度的作用程度。对于上述的评价指标，有时评价分级是同级的，然而处在同一级别的评价分值仍然有较大差异，因而对指标分级进一步细化。

为了定量反映各级别隶属度对目标的影响程度，对评价标准 V = {Ⅴ，Ⅳ，Ⅲ，Ⅱ，Ⅰ} 在 0~1 之间进行离散。令 $a = (0.9, 0.7, 0.5, 0.3, 0.1)$，级别越高对水资源承载力的贡献就越高，评分值也就越高，表明水资源承载力越大。综合评价取上述计算所得到的 a_j 和 b_j 值进行计算。其计算公式为：

$$a = \sum_{j=1}^{s} (b_j \cdot a_j)$$

式中，a 是水资源承载力综合评分；b_j 是各等级的隶属度；a_j 是各等级的评分，该式是为了突出占优势等级的作用，利用各等级隶属度 b_j 为权重进行加权平均计算。评分结果列于表 5-7 的最后一列。

四、评判结果及分析

（一）一级准则层评价结果

模糊综合评判法侧重于系统复杂性的特点，用模糊语言对复杂系统的模糊性进行描述，根据实测指标对评价标准的隶属度作出定量化的评价，这是多指标综合评价中应用比较成熟的一种方法。考虑到本项研究中评价指标体系的复杂性，以模糊综合分析方法为主，对区域水资源承载力进行综合分析评价（表5-8）。

表5-8　一级评价结果

一级指标	2004 年	2006 年	2008 年
P_1 社会经济指标	0.699 2	0.707 8	0.562 0
P_2 水资源系统指标	0.595 7	0.676 0	0.760 1
P_3 生态环境指标	0.177 5	0.196 2	0.214 3

为了使结果更为直观，将模糊综合评判所得到的一级评价结果的综合评分，整理如图5-5所示。

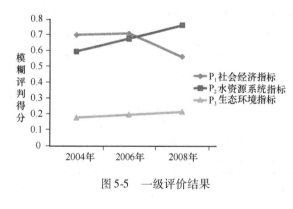

图5-5　一级评价结果

从图可以看出樱桃沟现状水资源承载力，2004~2008 年，社会经济指标评价结果呈现波动趋势，樱桃沟现状产业结构不合理，樱桃沟第三产业比重较小，区域产业结构水平较低。水资源系统指标评价结果和生态环境指标评价结果持续增强，结果比较平稳，水资源条件和生态环境受社会经济影响明显，说明了樱桃沟小流域水资源系统和生态环境系统处于一个比较稳定的状态，但压力越来越大。

（二）二级综合评价结果

由一级模糊评判结果结合前面用 AHP 法得到的各准则层的权重 $W =$（0.5396，0.1634，0.2970），对模糊矩阵进行合成计算，即得樱桃沟水资源承载力的二级评判结果（表5-9）。模糊合成运算方法仍是采用加权求和模型计算，计算结果列于表。然后计算 a 值，得到准则层的模糊综合评分，将最终评分结果列在表5-9 的最后一列。

表5-9　二级模糊综合评判结果

年份	隶属度矩阵					评价结果	综合评分
	很弱 I	很强 V	较强 IV	中等 III	较弱 II		
2004	0.2888	0.2234	0.0875	0.1366	0.2637	V	0.5274
2006	0.3055	0.2746	0.0196	0.1687	0.2317	V	0.5507
2008	0.2188	0.1944	0.1618	0.2114	0.1375	V	0.4911

综合一级准则层评价结果和二级综合评价结果，两种评价结果基本一致。2004~2008年樱桃沟水资源承载力逐渐加重。根据综合评价和评分结果，樱桃沟现状水资源承载力基本处于中等水平，水资源所受压力较大，水资源承载能力表现出一定的超载趋势。

五、小 结

在广泛搜集研究区基础数据的基础上，运用模糊数学综合评价方法对樱桃沟现状水资源承载力进行了综合评价。评价结果显示，2004~2008年樱桃沟社会经济系统指标评价结果呈波动下降趋势；水资源综合承载能力和生态环境系统评价结果逐渐增强，呈上升趋势，但仍然处于中等和较弱的水平。水资源子系统评价结果波动性较大，现状年水资源承载力已经表现出一定的超载趋势，必须对区域水资源进行科学配置，提高水资源承载力。

樱桃沟水资源子系统指标评价得分和分级结果显示，研究区水资源条件评价属于中等，樱桃沟生态环境评价结果显示，樱桃沟小流域现状整体生态环境水平较低，整体处于较弱级别。樱桃沟小流域内产业构成的合理性不是很好，第三产业比重较低，这也是造成樱桃沟水资源条件较差的原因之一。

通过对社会经济、水资源和生态环境进行的评价分析，对研究区域内部各子系统的承载水平有了更清晰的认识。根据各子系统对综合评判的贡献水平，确定樱桃沟现状水资源承载力整体处于较弱水平，即水资源水平和生态环境水平都比较低，说明樱桃沟小流域目前水资源供需矛盾比较紧张，对生态环境质量也造成较严重的不利影响，可以认为现阶段樱桃沟水资源利用是不合理的，有待进一步提高。目前的经济规模、人口规模和绿化规模已临近现状水资源可承载能力的边缘，樱桃沟小流域水资源利用结构急需调整。

第四节 水资源承载能力预测

一、社会经济发展指标分析

（一）人口与城市（镇）化

樱桃沟小流域包括担礼、桃园、南庄、樱桃沟、涧沟五个行政村庄。2003年户籍人口1 958人，2008年户籍人口1 659人，人口逐年减少，大部分年轻劳动力外出打工、定居。随着北京的城市化发展和农业科技化，从事农业劳动的人越来越少。

根据现有人口数据变化，建立人口预测模型（可信度0.885），预测樱桃沟小流域人口数量到2010年为1 479人，2020年982人，2030年652人，2040年433人，2050年288人（图5-6）。

（二）经济发展指标

1. 工业

樱桃沟小流域过去的工业发展主要以采石为主，从2001年开始陆续关停。以采石为主的相关工业不计入工业产值。则2003年工业产值329万元，2004年达到395万元，2006年145.5万元，2007年1 439万元，2008年1 544万元。对5年的工业产值进行拟合，推算未来的工业产值发展（图5-7）。

根据预测结果，2010年工业产值将达到2 137.05万元，2020年4 844.95万元，2030年7 552.85万元，2040年10 260.75万元，2050年12 968.65万元。

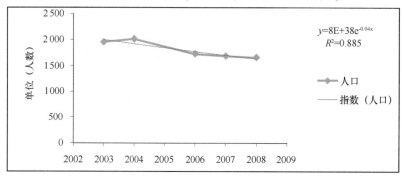

图5-6　樱桃沟小流域人口预测

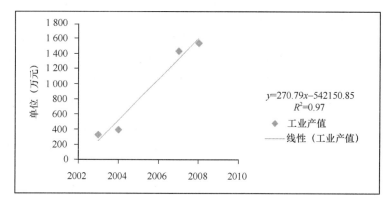

图5-7　樱桃沟工业产值预测

2. 农业

根据国家保持耕地面积不变政策，未来樱桃沟的果园面积变化不大，农业经济的发展只能以增加科技投入为主，改善灌溉质量，减少成本投入。

3. 第三产业

2003年实现第三产业增加值1 216万元，到2008年达到3 683万元，平均增长率41%。到2010年第三产业产值将达到5 193.03万元，2020年、2030、2040、2050年商饮业增加值年均增长率分别按16%、14%、10%和5%计算，则商饮业增加值分别达到6 023.91万元、6 867.26万元、7 553.99万元和7 931.69万元。

二、经济社会需水预测

（一）生活需水预测

生活需水预测结果见表5-10。

表 5-10 生活需水量预测成果

水平年	用水人口	利用系数	基 本 方 案			强化节水方案		
			净定额 (L/p. d)	净水量 (×10⁴m³)	毛水量 (×10⁴m³)	净定额 (L/p. d)	净水量 (×10⁴m³)	毛水量 (×10⁴m³)
2010	1 479	0.75	80	4.32	5.76	70	3.78	5.04
2020	982	0.8	110	3.94	4.93	90	3.23	4.03
2030	652	0.85	145	3.45	4.06	100	2.38	2.80
2040	433	0.9	150	2.37	2.63	100	1.58	1.76
2050	288	0.95	160	1.68	1.77	100	1.05	1.11

（二）工业需水预测

工业需水预测通过定额（万元增加值用水量）分析得到基本方案和强化节水方案工业用水量（表5-11）。

表 5-11 工业需水量预测成果

年份	基 本 方 案				强化节水方案			
	定额 (m³/万元)	年净需水量 (×10⁴m³)	利用系数	年毛需水量 (×10⁴m³)	定额 (m³/万元)	年净需水量 (×10⁴m³)	利用系数	年毛需水量 (×10⁴m³)
2010	190	40.60	0.80	50.75	175	37.40	0.80	46.75
2020	180	87.21	0.82	106.35	170	82.36	0.85	96.90
2030	160	120.85	0.85	142.17	155	117.07	0.90	130.08
2040	144	147.75	0.90	164.17	140	143.65	0.90	159.61
2050	130	168.59	0.90	187.32	128	166.00	0.90	184.44

（三）农业需水预测

农业需水预测结果见表5-12。

表 5-12 农业需水量预测成果

年份	果林面积（亩）	净灌溉量 (×10⁴m³)	利用系数	毛灌溉量 (×10⁴m³)	利用系数 （强化）	毛需水量 （强化）
2010	1 170	52.65	0.75	70.2	0.80	65.81
2020	1 170	52.65	0.8	65.81	0.85	61.94
2030	1 170	52.65	0.85	61.94	0.90	58.50
2040	1 170	52.65	0.9	58.5	0.95	55.42
2050	1 170	52.65	0.95	55.42	0.95	55.42

（四）第三产业需水预测

第三产业需水采用万元增加值用水量法进行预测。

第三产业包括商饮业和服务业，现状条件下，第三产业毛用水量76.86×10⁴m³；2050年需水量116.64×10⁴m³（表5-13）。

表 5-13　第三产业需水量预测成果

年份	定额 （m³/万元）	产值 （万元）	利用系数	毛需水量 （×10⁴m³）	利用系数 （强化）	毛需水量 （强化）
2010	140	5 193.03	0.7	103.86	0.80	90.88
2020	135	6 023.91	0.73	111.4	0.85	95.67
2030	130	6 867.26	0.77	115.94	0.90	99.19
2040	128	7 553.99	0.8	120.86	0.95	101.78
2050	125	7 931.69	0.85	116.64	0.95	104.36

三、生态环境需水预测

　　樱桃沟小流域作为北京重要的生态保护区，在加快区域经济发展的同时，全面保护和建设好生态环境尤为重要。因此，生态环境的改善是水资源规划的一个主要目标。

　　现状条件下消耗水量 4.6 万 m^3，预测 2010 年 $5.0 \times 10^4 m^3$，2020 年 $7.1 \times 10^4 m^3$，2030 年 $8.4 \times 10^4 m^3$，2040 年 $9.5 \times 10^4 m^3$，2050 年 $10.0 \times 10^4 m^3$。

四、需水预测汇总

　　下表分别为基本方案和强化节水方案下的沟道外年需水量（表 5-14，表 5-15）。

表 5-14　沟道外年毛需水量汇总成果（基本方案）　　　单位：×10⁴m³

年份	生活用水	农业用水	工业用水	三产用水	生态用水	总计
2010	5.76	70.20	50.75	103.86	5.00	235.57
2020	4.93	65.81	106.35	111.40	7.10	295.59
2030	4.06	61.94	142.17	115.94	8.40	332.51
2040	2.63	58.50	164.17	120.86	9.50	355.66
2050	1.77	55.42	187.32	116.64	10.00	371.15

表 5-15　沟道外年毛需水量汇总成果（强化节水方案）　　　单位：×10⁴m³

年份	生活用水	农业用水	工业用水	三产用水	生态用水	总计
2010	5.12	65.81	46.75	90.88	5.00	213.56
2020	5.04	61.94	96.9	95.67	7.10	266.65
2030	4.03	58.50	130.08	99.19	8.40	300.20
2040	2.8	55.42	159.61	101.78	9.50	329.11
2050	1.76	55.42	184.44	104.36	10.00	355.98

　　若樱桃沟小流域内的水资源利用方式没有得到有效的调整，只通过提高地表水资源的利用程度和加大地下水资源的开发，则会出现一定程度的水荒，即总水量一定的情况下，

农业、工业、生态三产业之间的水资源利用量将出现矛盾。

第五节 水资源承载能力预测评价

樱桃沟水资源承载力预测是建立在社会经济指标预测、水资源指标预测和生态环境指标预测的基础之上。区域系统预测主要取决于该区域在未来规划水平年的发展规模和发展水平。

各项指标预测是依据现有的 2004、2006、2008 三个水平年的具体数据，建立模型进行拟合，预测未来的发展。同时参考樱桃沟农业、林业、国土资源、水务水保等部门的规划进行计算。

一、评价指标的确定

以 2010、2020、2030、2040、2050 年为预测水平年（表 5-16）。

表 5-16 樱桃沟小流域水资源承载力指标预测结果

准则层指标	具体指标	2010	2020	2030	2040	2050
社会经济指标	人均 GDP（元）	49 600	110 700	22.120 0	411 400	725 700
	三产比重（%）	55.3	42.1	35.7	31.5	27.9
	人口密度（人/km²）	40.7	27	17.9	11.9	7.9
	万元 GDP 用水量（m³/万元）	228.8	213.7	188	165.2	149.4
水资源系统指标	人均水资源量（m³/人）	809.1	1 218.5	1 835.3	2 763.5	4 154.9
	水资源开发利用率（%）	180	256	302	331	355
生态环境指标	污水处理率（%）	30	50	70	80	90
	生态需水率（%）	4.6	6.3	7.3	8.2	8.6

根据前面的指标评判标准和评判矩阵，建立樱桃沟小流域未来水平年（2010 年、2020 年、2030 年、2040 年、2050 年）的水资源承载力评判矩阵（表 5-17）。

表 5-17 樱桃沟小流域水资源承载力评价矩阵

年份		很强 V	较强 IV	中等 III	较弱 II	很弱 I
2010	R_1	0.901 4	0.098 6	0.000 0	0.000 0	0.000 0
		0.030 0	0.970 0	0.000 0	0.000 0	0.000 0
		0.158 9	0.841 1	0.000 0	0.000 0	0.000 0
		0.000 0	0.000 0	0.651 4	0.348 6	0.000 0
	R_2	0.000 0	0.000 0	0.118 2	0.881 8	0.000 0
		0.000 0	0.000 0	0.000 0	0.020 0	0.980 0
	R_3	0.000 0	0.000 0	0.000 0	1.000 0	0.000 0
		0.000 0	0.000 0	0.000 0	0.240 4	0.759 6

（续）

年份		很强 V	较强 IV	中等 III	较弱 II	很弱 I
2020	R_1	0.970 3	0.029 7	0.000 0	0.000 0	0.000 0
		0.000 0	0.105 0	0.895 0	0.000 0	0.000 0
		0.311 1	0.688 9	0.000 0	0.000 0	0.000 0
		0.000 0	0.000 0	0.759 3	0.240 7	0.000 0
	R_2	0.000 0	0.000 0	0.812 1	0.187 9	0.000 0
		0.000 0	0.000 0	0.000 0	0.012 4	0.987 6
	R_3	0.000 0	0.000 0	1.000 0	0.000 0	0.000 0
		0.000 0	0.000 0	0.000 0	0.287 4	0.712 6
2030	R_1	0.986 9	0.013 1	0.000 0	0.000 0	0.000 0
		0.000 0	0.000 0	0.785 0	0.215 0	0.000 0
		0.412 2	0.587 8	0.000 0	0.000 0	0.000 0
		0.000 0	0.000 0	0.942 9	0.057 1	0.000 0
	R_2	0.000 0	0.770 4	0.229 6	0.000 0	0.000 0
		0.000 0	0.000 0	0.000 0	0.010 1	0.989 8
	R_3	0.000 0	1.000 0	0.000 0	0.000 0	0.000 0
		0.000 0	0.000 0	0.000 0	0.324 7	0.675 3
2040	R_1	0.993 4	0.006 6	0.000 0	0.000 0	0.000 0
		0.000 0	0.000 0	0.575 0	0.425 0	0.000 0
		0.478 9	0.521 1	0.000 0	0.000 0	0.000 0
		0.000 0	0.105 7	0.894 3	0.000 0	0.000 0
	R_2	0.846 3	0.153 7	0.000 0	0.000 0	0.000 0
		0.000 0	0.000 0	0.000 0	0.009 0	0.991 0
	R_3	0.500 0	0.500 0	0.000 0	0.000 0	0.000 0
		0.000 0	0.000 0	0.000 0	0.367 6	0.632 4
2050	R_1	0.996 4	0.003 6	0.000 0	0.000 0	0.000 0
		0.000 0	0.000 0	0.290 0	0.710 0	0.000 0
		0.522 3	0.477 7	0.000 0	0.000 0	0.000 0
		0.000 0	0.218 6	0.781 4	0.000 0	0.000 0
	R_2	0.943 3	0.056 7	0.000 0	0.000 0	0.000 0
		0.000 0	0.000 0	0.000 0	0.008 3	0.991 7
	R_3	0.750 0	0.250 0	0.000 0	0.000 0	0.000 0
		0.000 0	0.000 0	0.000 0	0.390 6	0.609 4

二、一级准则层指标模糊评判计算

用模糊综合评判方法，对 5 个水平年的水资源承载力进行综合预测。一级模糊评价的计算结果如表 5-18。表中数据为准测层指标对应的各评价等级的隶属度。按照最大隶属度原则，选取每行中最大值对应的评价级别作为该指标所达到的级别。

表 5-18 一级准则层指标模糊评判结果

年份	一级指标	隶属度矩阵					评价结果	综合评分
		很强 V	较强 IV	中等 III	较弱 II	很弱 I		
2010	P_1	0.279 3	0.407 0	0.204 3	0.109 4	0.000 0	IV	0.671 3
	P_2	0.000 0	0.000 0	0.068 7	0.520 7	0.410 6	II	0.231 6
	P_3	0.000 0	0.000 0	0.000 0	0.537 1	0.462 9	II	0.207 4
2020	P_1	0.279 3	0.407 0	0.204 3	0.109 4	0.000 0	IV	0.671 3
	P_2	0.000 0	0.000 0	0.471 0	0.114 4	0.413 8	III	0.311 6
	P_3	0.000 0	0.000 0	0.390 6	0.175 1	0.434 3	I	0.291 3
2030	P_1	0.354 8	0.139 9	0.446 2	0.059 1	0.000 0	III	0.658 1
	P_2	0.000 0	0.447 6	0.133 4	0.004 2	0.414 7	IV	0.422 8
	P_3	0.000 0	0.390 6	0.000 0	0.197 9	0.411 5	I	0.373 9
2040	P_1	0.372 0	0.155 8	0.390 7	0.081 4	0.000 0	III	0.663 7
	P_2	0.491 7	0.089 3	0.000 0	0.003 8	0.415 2	V	0.547 7
	P_3	0.195 3	0.195 3	0.000 0	0.224 0	0.385 4	I	0.418 2
2050	P_1	0.382 9	0.180 4	0.300 7	0.136 0	0.000 0	V	0.662 0
	P_2	0.548 1	0.032 9	0.000 0	0.003 5	0.415 5	V	0.558 9
	P_3	0.293 0	0.097 7	0.000 0	0.238 0	0.371 4	I	0.440 6

选择 5 个水平年的评价结果和综合评分进行比较，结果见表 5-19。

表 5-19 一级准则层指标模糊评判结果汇总

一级指标	2010	2020	2030	2040	2050
P_1 社会经济指标	0.671 3（IV）	0.671 3（IV）	0.658 1（III）	0.663 7（III）	0.662 0（V）
P_2 水资源系统指标	0.231 6（II）	0.311 6（III）	0.422 8（IV）	0.547 7（V）	0.558 9（V）
P_3 生态环境指标	0.207 4（II）	0.291 3（I）	0.373 9（I）	0.418 2（I）	0.440 6（I）

三、一级准则层指标模糊评判结果分析

1. 社会经济指标（P_1）分析

从表 5-19 可以看出，樱桃沟小流域社会经济发展速度前景较好，但由于工业发展过快，按目前的速度发展，从 2010 年开始，水资源需求超过水资源可利用量。对樱桃沟小流域水资源造成破坏性发展。水资源系统同社会经济系统的协调程度极差，但同生态环境发展相协调。至 2050 年社会经济评价为很强（V）级别，综合评分达到 0.6620。樱桃沟小流域从现状年开始应限制耗水工业的发展，注重生态环境的建设。

2. 水资源系统指标（P_2）分析

从表 5-19 中可以发现，由于可利用水量和开发利用的限制，樱桃沟小流域近期（2010 年）水资源系统同社会经济系统极不协调，处于很弱的水平。

未来 2020 年和 2030 年樱桃沟小流域随着工业发展速度的降低、水资源开发程度加大、人口数量的减少、绿化面积扩大、地下水补给加强，水资源形势日趋适应工业的发展规模。到 2040 年，水资源系统评级为最高级别（V）。

若工业规模按目前的水平发展，社会经济和水资源系统之间的需水在 2010 年激化，到 2020 年趋于缓和，到 2050 年协调发展。

3. 生态环境系统指标（P_3）分析

樱桃沟生态环境系统从现状到未来一直处于很弱的级别，这与经济发展观念的改变有关。由于樱桃沟是北京市的偏远地区，先前对生态环境不重视，导致区域生态环境较差，近年来大力进行绿化建设，使区域整体的生态环境有了明显的改善。

在近年（2010 年）由于樱桃沟小流域工业发展过快，生态环境与社会经济极不协调。工业需水量增加，促使水资源的开发破坏加大，水资源系统加速向社会经济系统靠拢。未来的 40 年，生态环境允许级为很弱的级别（I），综合评分在 0.418 2 和 0.440 6 之间。

樱桃沟未来的发展需加强生态环境建设，促使社会经济、水资源系统、生态环境协调发展。提高樱桃沟小流域的可持续发展能力。

四、二级综合评判的计算结果和分析

根据一级模糊评判结果，结合相应的权重值，进行模糊矩阵合成运算，得到水资源承载力的综合评价结果和综合评分。计算结果见表 5-20。

表 5-20　二级模糊评判结果

二级综合评价指标	年份	属度矩阵					评价结果	综合评分
		很强 V	较强 IV	中等 III	较弱 II	很弱 I		
水资源承载力	2010	0.150 7	0.219 6	0.121 5	0.303 6	0.204 6	II	0.461 7
	2020	0.150 7	0.219 6	0.303 4	0.129 7	0.196 6	III	0.499 6
	2030	0.191 5	0.264 6	0.262 6	0.091 4	0.190 0	IV	0.535 2
	2040	0.339 1	0.156 7	0.210 8	0.111 1	0.182 3	V	0.571 8
	2050	0.383 2	0.131 7	0.162 3	0.144 7	0.178 2	V	0.579 4

由表可以看出，在预测水平年樱桃沟小流域整体的水资源承载力持续走高，综合评价承载级别为很强，水资源子系统评价为很强，因此，樱桃沟小流域水资源系统在持续破坏。为达到水资源的可持续利用，今后工作的重点应该放在抑制目前的工业发展速度，加强生态环境建设和水资源的开源和节流上面，加大常规水源的循环利用。

第六节　供水预测与供水方案

一、概　述

樱桃沟水源单一、时空分布不均等不利条件，决定了其水资源承载力难以支撑社会、经济的日益发展。随着工业发展，需水量仍在增加，整个区域愈来愈面临缺水的困扰，因此，提高地区水资源承载力已成为当务之急。

根据樱桃沟小流域的实际情况，为了提高区域水资源承载力，应采用节水、再生水回用、开源工程等综合措施。

二、节水措施

提高水资源承载力，应充分利用当地水资源，立足于节约用水。

（一）生活节水

随着生活水平的提高，生活用水增长速度很快。为有效控制生活用水量的快速增长，应采取定额用水、调整水价和节约用水综合措施。生活节水的重点是居民生活、宾馆、饭店，普及推广节水器具、中水冲厕和一水多用，园林、公共绿地实施节水灌溉。

通过以上措施，2010 年生活节水目标为 $0.5 \times 10^4 \mathrm{m}^3$；2020 年继续推广节水型居民示范区，实现区域节水示范化，2020 年生活节水量达到 $1.2 \times 10^4 \mathrm{m}^3$。

从现状看，公共设施是生活用水的大户。居民节水意识需进一步加强，传统用水模式还很普遍，缺乏科学正确地用水观念、粗放使用水资源，没有健全强制的使用节水器具政策，各类节水器具和卫生洁具的投入还处于初级阶段。

（二）工业节水

随着现代化的发展，单位工业用水量日益减少，其对水质的要求也不断提高。根据对实践经验的总结，工业节水措施可分为三种类型：技术型、工艺型和管理型。加强工业用水、节水管理，积极采用节水新技术、新工艺，拓宽节水新途径，实行一水多用，重复利用。

（三）农业节水

2008 年樱桃沟小流域农业用水 $74.87 \times 10^4 \mathrm{m}^3$，用水规模不是很大。由于农业水资源严重短缺，农业用水供需矛盾十分突出。按照存量节水、提高水的利用效率和灌溉保证率的思路，大力发展节水型农业，是率先实现农业现代化，保持农业可持续发展的根本出路。农业节水的对策与措施见表 5-22。

表 5-22 农业节水对策与措施

农业节水	节水灌溉技术	喷灌
		微喷灌
		滴灌
		雾灌
		暗灌和渗灌
		管道灌溉
	节水灌溉制度	灌水定额
		灌溉制度（灌溉次数、灌溉时间）

（续）

农业节水	减少输水损失	灌渠初砌
		灌畦尺寸
		防止蒸发和渗漏
	保墒、旱种和雨养	覆盖技术
		水种改为旱种
		保水剂

农业节水发展的思路和目标是：以促进农业种植结构调整、发展农业生产为目标，以抗旱节水为中心，不断提高灌溉水的利用率，因地制宜确定节水灌溉工程模式和标准，科学合理配置灌溉用水，不断提高工程管理水平，缓解农业水资源紧张和浪费严重的状况，为实现农业可持续发展和建设节水型农业提供水利保障。

按照农业节水的发展思路，结合樱桃沟小流域实际情况，确定 2010 年、2020 年农业节水发展目标如下：

到 2010 年，大力增加节水灌溉面积，修建防渗明渠及低压输水管道，推广喷灌技术。全区灌溉水利用系数将由目前的 0.57 左右提高到 0.8 左右，预期可节水 29.7 万立方米。

2010～2020 年，在稳定有效灌溉面积的基础上，继续加强节水工程建设力度并逐步提高喷微灌等先进节水灌溉技术的比重。到 2020 年，灌溉水利用系数可提高到 0.9 左右，预期可节水 37 万亿立方米。

（四）中水利用

生产污水经集中处理后，在满足一定水质要求的情况下，可用于农田灌溉及生态环境。污水排放量是根据供水量乘以 75% 的排放率计算的。规划水平年污水处理再利用量可以分为基本再利用方案和加大再利用方案，污水回用可用在农业灌溉和城市生态环境用水中。到 2050 年，生产污水可回收利用量为 $275.91 \times 10^4 m^3$。

（五）其他水源开发利用

其他水源开发利用主要指参与水资源供需分析的雨水集蓄利用和深层承压水利用等。

集雨工程技术已基本成熟。尤其是该技术投资少、见效快、技术简单，便于管理，适合当前干旱缺水山区的经济发展水平，可以大力推广。预计到 2050 年集雨工程可以为农业灌溉提供 $15 \times 10^4 m^3$ 的水资源。

三、加强水资源的规划与管理

我国长期以来对水资源缺乏统一的规划与管理，造成水资源的低效率利用，用水浪费，水资源污染严重，这一切又反过来加剧了水资源短缺，使工农业、城市建设供需水的矛盾加剧。由于地表水、地下水、降水径流都处于一个系统中，必须从改善水资源环境、保护水源、维护自然界的生态平衡出发，综合开发利用水资源，从根本上解决水资源短缺的矛盾。加强水资源的综合开发利用，生产、生活、生态用水有机结合，统筹规划及管理。

四、供水能力

随着城镇化发展，人口减少，通过节水、开发新水源以及实施新的灌溉措施，2050 年可供水能力为 $411.07 \times 10^4 m^3$。在不同气象年型条件下基本满足樱桃沟小流域"三生"用水。在充分考虑节约用水和注重开发新水源的条件下，走开源与节流并重的水资源开发之路，樱桃沟小流域才能实现区域水资源的供需平衡。

第七节　结　论

按区域复合系统的三大子系统（社会经济系统、水资源系统和生态环境系统）确定水资源承载力评价指标体系的三个准则层，即社会经济系统指标、水资源系统指标和生态环境系统指标，提出了一个广义的水资源承载力评价指标体系。结合研究区水资源状况及社会经济发展状况，确定了综合评价樱桃沟小流域水资源承载能力的 8 项评价指标。

樱桃沟小流域现状水资源承载力，从 2004~2010 年，社会经济可承载水平、水资源综合承载能力都在持续增强，但水资源子系统评价结果有一定的起伏。樱桃沟小流域水资源承载力一级评价结果与二级评价结果基本一致，整体处于中等偏低水平，一级综合评分在 0.18~0.76 之间；二级综合评分在 0.5 左右。一级评价结果中 3 个准则层指标只有社会经济系统指标在 2004~2008 年呈现波动的趋势，在 2006 年达到最高，为 0.71，2008 年最低，为 0.56；其他两个准则层指标水资源系统指标和生态环境系统指标在 2006~2008 年都呈现逐渐增加的趋势，水资源系统指标在 2008 年达到 0.76，生态环境系统指标在 2008 年达到 0.21，承载能力呈现增强的趋势。综合来看樱桃沟小流域的水资源系统指标三年的平均值为 0.68。这说明研究区水资源条件评价属于中等，但水资源所受的压力较大，表现出一定的超载趋势。

现状年樱桃沟小流域综合承载能力相对较高，但子系统评价具有明显的不平衡性，即社会经济发展水平较高，而水资源评价级别较低。因此，樱桃沟小流域现状水资源利用是不可持续的。目前的经济规模、人口规模和绿化规模已经临近水资源承载能力的边缘。

根据预测模型，在 2010 年，由于第三产业发展过快，会带动水资源开发的加速发展，生态环境与社会经济极不协调。第三产业需水的增加，促使水资源的开发破坏加大，水资源系统加速向社会经济靠拢。未来的 20 年，生态环境需水和第三产业需水矛盾激化，将严重阻碍樱桃沟小流域的可持续发展。水资源将成为樱桃沟小流域发展的主要制约因素之一。樱桃沟小流域未来的发展可通过限制工业发展速度，缓解水资源的开发速度，加快生态环境建设，使社会经济系统、水资源系统、生态环境系统协调发展。

基于模糊评判的水资源承载力的空间差异分析，对制订区域发展战略有着重要的指导意义。研究在充分发挥传统水资源承载力综合评价方法优势的基础上，将传统方法与空间差异分析功能有机地结合在一起，实现了对研究区的整体评价和区域内差异评价，使评价结果更具有实际指导意义。由于研究区面积较小，限制了这种方法充分发挥其优势，如果能够在更大区域内使用这种方法，其优势将更加明显。

水资源限制是樱桃沟小流域发展的瓶颈，未来樱桃沟小流域一定要做好水资源可持续利用的工作，走开源节流并重的水资源开发之路。作为第一用水大户的第三产业用水，其节水潜力比较大，应进一步加强节水技术的研究和推广。根据樱桃沟的实际情况，应特别注意再生水回用和雨洪资源的开发利用。随着城镇化发展，人口减少，未来樱桃沟小流域水资源系统将达到一个较为和谐平衡的状态，促进全区的可持续、健康、高速发展。

第六章 生态环境承载力分析研究

通过对小流域内植被、土壤等自然立地条件以及可利用空间和交通资源的调查分析，研究生态环境承载能力，并研究限制性的脆弱因子，以此指导生态建设的方向，最终指导资源和产业的优化配置。

承载力最初被引进区域系统是在生态学中的应用，其含义是在某种环境条件下，某种生物个体可存活的最大数量的潜力，在实践中的最初应用领域是畜牧业。随着人地矛盾不断加剧，承载力概念发展并应用到自然－社会系统中，提出了土地资源承载力概念，即在一定生产条件下土地资源的生产力和一定生活水平下所承载的人口限度。20 世纪 70 年代以后，人口、经济、资源与环境等全球性问题日益突出，人口承载力、资源承载力、环境承载力、水资源承载力、矿产资源承载力的研究也应运而生。1986 年，Catton 定义了"环境承载力"的概念，后来国外很多学者把它引申为生态承载力并定义为"在一定区域内，在不损害该区域环境的情况下，所能承载的人类最大负荷量"。20 世纪 90 年代初，加拿大生态经济学家 William 和 Wackernagel 提出"生态足迹"（Ecological Footprint）的概念，使承载力的研究从生态系统中的单一要素转向整个生态系统。与此同时，国外对于生态承载力的研究，也逐渐从静态转向动态，从定性转为定量，从单一要素转向多要素乃至整个生态系统，对于生态承载力的概念也日趋完善。我国在总结吸收国外经验教训的基础上对承载力进行了研究。任美锷先生是我国最早注意到承载力研究重要性的学者。20 世纪 40 年代末任美锷先生通过对四川省农作物生产力分布的地理研究，首先计算了以农业生产力为基础的土地承载力。1986 年中国科学院综考会等多家科研单位联合开展的"中国土地生产潜力及人口承载量研究"是我国迄今为止进行得最全面的土地承载力方面的研究。随着研究的深入，20 世纪 80 年代末，我国承载力研究大多不再局限于某一种资源，而是更多强调综合性，如资源与环境综合承载力、地理环境人口承载潜力、生存空间的人口承载力、区域承载力等。近年来，关于生态承载力量化方法的研究日益兴旺，提出了一系列观点，承载力概念的演化与发展，体现了人类社会对自然界认识的不断深化，在不同的发展阶段和不同的资源条件下，产生了不同的承载力概念和相应的承载力理论。

第一节 生态环境承载力概念

生态环境承载力评价就是通过一定的科学方法定性或定量地确定一个区域在某一时期生态环境承载力的大小，进而通过生态环境承载量和生态环境承载指数的评价，确定该区域的生态环境在这一时期是处于弱载、满载还是超载状态。

生态环境的评价是制定区域发展战略和规划、制定区域经营管理决策的基础，也是区域可持续性评价的一项重要内容。因此，生态环境承载力评价的目的就是确定一个区域的生态环境在某一时期是否超载，是否处于可持续状态，从而制定区域发展战略和规划。

在环境污染蔓延全球、资源短缺日趋严重和生态环境不断恶化的情况下，科学家相继提出了资源承载力、环境承载力、生态承载力等概念。资源承载力是基础，环境承载力是关键、核心，生态承载力是综合（李伟业，2007）。

一、资源承载力

资源承载力是指一个国家或地区资源的数量和质量，对该空间内人口的基本生存和发展的支撑能力。资源承载力是一个相对客观的量。目前有关资源承载力的研究主要集中在自然资源领域，其中土地资源承载力的研究历史较长，取得的成果也较多。同时由于不同的侧重点和对象，出现了水资源承载力、森林资源承载力等多种承载力。

（1）土地资源承载力　土地承载力是近20年来资源、人口、生态环境等许多领域的热点问题。它是继60～70年代能源危机、粮食短缺以及人口爆炸等人类面临的重大问题提出之后，所开展的一项务实的研究工作。中国科学院综考会为土地资源承载力所下的定义是"在一定生产条件下土地资源的生产力和一定生活水平下所承载的人口限度"。

（2）水资源承载力　自20世纪80年代末以来，许多专家、学者或课题研究组对水资源承载力概念予以定义。一般认为：水资源承载力是在特定的历史发展阶段，以可持续发展为原则，以维护生态良性发展为条件，以可预见的经济、技术和社会发展水平为依据，在水资源得到适度开发并经优化配置的前提下，区域（或流域）水资源系统对当地人口和社会经济发展的最大支持能力。也有的将其定义为在一定的技术经济水平和社会生产力条件下，水资源最大供给人民生活、工农业生产和生态环境保护用水的能力。对于水资源承载力，必须强调水资源对社会经济和环境的支撑能力。它的主要内涵包括：第一，强调水资源承载力是水资源对生态经济系统良性发展的支持能力；第二，强调生态经济系统的良性发展；第三，强调合理的管理技术，将水资源承载力的合理配置等技术方面的问题上升到管理的角度和层次。

（3）森林承载力　森林承载力的理论研究和实践应用始于20世纪90年代初，目前尚处于探索阶段，它的研究是资源承载力研究的深入和发展。森林资源承载力研究是协调人口与环境保护、森林资源消耗与经济社会发展的关键。森林资源承载力是指在某一时期、某种状态下，一个国家或地区的森林资源在保证其生态系统结构和功能不受破坏的情况下所能承受人类活动作用的阈值。吴静和采用的是森林资源承载能力的概念，并将其定义为："森林资源承载能力是指在一定生产条件下森林资源的生产能力及其在一定生活水平下可以承载的人口数量"。

（4）相对资源承载力　相对资源承载力由土地资源承载力扩展而成，它将资源划分为自然资源、经济资源和社会资源，考虑到人是社会系统的主要组成因子，是承载力的承载对象，因此，相对资源承载力即是将自然资源和经济资源作为主要的承载资源，以一个参照区域作为对比标准，根据参照区域人均资源的拥有量或消费量、研究区域的资源存量，从而计算出研究区域的自然资源和经济资源的承载能力。

二、环境承载力

环境承载力从广义上讲，指某一区域的环境对人口增长和经济发展的承载能力。从狭义上讲，即为环境容量。关于环境承载力目前主要有3种定义方式：①从"容量"角度定义，环境容量是指环境系统对外界其他系统污染的最大允许承受量或负荷量。主要包括大气环境容量、水环境容量等。环境容量具有客观性、相对性和确定性的特征。如高吉喜在《可持续发展理论探索》一书中指出"环境承载力是指在一定生活水平和环境质量要求下，在不超出生态系统弹性限度条件下环境子系统所能承纳的污染物数量，以及可支撑的经济规模与相应的人口数量"。②从"阈值"角度定义，如"环境承载力是指在某一时期，某种环境状况下，某一区域环境对人类社会经济活动支持能力的阈值"。中国大百科全书中，环境承载力的定义是"在维持环境系统结构与功能不发生变化的前提下，整个地球生物圈或某一区域所能承受的人类作用在规模、强度和速度上的限值"；郭秀锐等学者认为"环境承载力是指在一定时期、一定状态或条件下，一定环境系统所能承受的生物和人文系统正常运行的最大支持阈值"，它不仅体现了环境系统资源的价值，而且还突出了环境系统与生物和人文系统间的密切作用关系。环境承载力具有客观性、相对性、可调性和随机性的特征。③从"能力"角度定义，彭再德等学者将环境承载力定义为："在一定的时期和一定区域范围内，在维持区域环境系统结构不发生质的改变，区域环境功能不朝恶性方向转变的条件下，区域环境系统所能承受的人类各种社会经济活动的能力"；Schneider强调，"环境承载力是自然或人造环境系统在不遭到严重退化的前提下，对人口增长的容纳能力"。环境承载力与环境容量有所不同，环境承载力强调的是环境系统资源对其中生物和人文系统活动的支撑能力，突出的是其量化测度；而环境容量则强调的是环境系统要素对其中生物和人文系统排污的容纳能力，突出的是其质的衡量。环境容量侧重体现和反映环境系统的纯自然属性；而环境承载力则突出显示和说明环境系统的综合功能（生物、人文与环境的复合）。

三、生态承载力

高吉喜在研究黑河流域生态承载力时将生态承载力定义为：生态系统的自我维持、自我调节能力，资源与环境子系统的供容能力及其可持续的社会经济活动强度和具有一定生活水平的人口数量；并指出资源承载力是生态承载力的基础条件，环境承载力是生态承载力的约束条件，生态弹性力是生态承载力的支持条件。对于某一区域，生态承载力强调的是系统的承载功能，而突出的是对人类活动的承载能力，其内容应包括资源子系统、环境子系统和社会子系统，生态系统的承载力要素应包含资源要素、环境要素及社会要素。所以，某一区域的生态承载力概念，是某一时期某一地域某一特定生态系统，在确保资源的合理开发利用和生态环境良性循环发展的条件下，可持续承载人口数量、经济强度及社会总量的能力（高吉喜，2001；韩永伟，2010；舒俭民，1998）。张传国在"干旱区绿洲系统生态－生产－生活承载力相互作用的驱动机制分析"一文中，则认为绿洲生态承载力是指绿洲生态系统的自我维持、自我调节能力，在不危害绿洲生态系统前提下的资源与环境的承载能力以及由资源和环境承载力所决定的系统本身表现出来的弹性力大小，通过资源承载力、环境承载力和生态系统的弹性力来反映（张传国，2002；张传国等，2002）。程国栋在对西北水资源承载力进行研究时认为：生态承载力是指生态系统所提供的资源和环境对人类社会系统良性发展的一种支持能力，由于人类社会系统和生态系统都是一种自组织的结构系统，二者之间存在紧密的相互联系，相互影响和相互作用，因此，生态承载力研究的对象是生态经济系统，研究其中所有组分的和谐共存关系（程国栋，2002）。王家骥先生认为生态承载力是自然体系维持和调节系统能力的阈值。超过这个阈值，自然体系将失去维持平衡的能力，遭到摧残或归于毁灭，由高一级的自然体系（如绿洲）降为低一级的自然体系（如荒漠）（王家骥等，2000）。生态承载力仅仅体现在生态系统的支持层，方创琳等提出的综合表现层的生产承载力和生活承载力，发展了生态－生产－生活系统承载力（三生承载力）。三生承载力是指区域资源与生态环境的供容能力、经济活动能力和满足一定生活水平人口数量的社会发展能力的有机综合体（方创琳，2003）。

第二节　生态承载力研究现状

在人类借助科技力量改造自然、征服自然取得丰硕成果时，人类也为此付出了沉重的代价，一系列环境问题、生态问题的出现使人类不得不思考自己的行为。可持续发展的提出为人类指明了今后的发展模式，但在具体实施中，人们产生了种种疑问，到底什么是可持续发展？如何判别和实施可持续发展？这就涉及可持续发展的尺度和度量问题。生态承载力的形成及演化是人类对自然界改造和发展的必然结果，并发展成为可持续发展的支持理论。

承载力原是一个力学概念，其本意是指物体在不受破坏时可承受的最大负荷能力，现已成为描述发展限制程度的最常用的概念。生态学最早将此概念转引到本学科领域内。1921 年帕克和伯吉斯在人类生态学杂志中，提出了承载力的概念，即"某一特定环境条件下（主要指生存空间、营养物质、阳光等生态因子的组合），某种个体存在数量的最高极限"。之后由于土地退化、环境污染和人口迅速增长等因素影响，人类学家和生物学家将这一术语应用于人类生态学中，便形成了"土地资源承载力"、"水资源承载力"、"矿产资源承载力"、"环境承载力"等概念。同时与资源短缺和环境污染不可分割的另一问题是生态破坏，如草原退化、水土流失、荒漠化、生物多样性锐减等。这些变化引起了人们对资源消耗与供给能力、生态破坏与可持续发展问题的思考。生态破坏的明显特点是生态系统的完整性遭到损害，从而使生存于生态系统之内的人和各种动植物面临生存危险。于是许多科学家从系统的整合性出发，提出了生态承载力的概念，可以认为生态承载力是对资源与环境承载力的扩展与完善。

承载力概念的演化与发展，体现了人类社会对自然界的认识不断深化，在不同的发展阶段和不同的资源条件下，产生了不同的承载力概念和相应的承载力理论。可持续发展被提出来以后，科学家们又提出可持续发展应建立在可持续承载力的基础之上，但可持续发展应建立在怎样的承载力基础之上并没有统一的认识。国外相关研究报道大多数都是从种群生态学角度出发的，生态承载力指的是生态系统所能容纳的最大种群数量。中国的研究也基本处于起步阶段，其研究始于 20 世纪 90 年代初，高吉喜对生态承载力的概念有所发展。对于某一区域，生态承载力强调的是系统的承载功能，而突出的是对人类活动的承载能力，其内容包括资源子系统、环境子系统和社会子系统。生态承载力包括两层涵义，第一层涵义为生态系统的支持部分，是指生态系统的自我维持与自我调节能力，以及资源与环境子系统的供容能力；第二层涵义为生态承载力的压力部分，是指生态系统内社会经济子系统的发展能力。

第三节　评价指标体系的建立

一、调查数据的获取

生态承载力是可持续发展状态定量测度的指标。从国内外与承载力相关的指标体系研究成果来看，对不同的承载力类型，在结构设计上千差万别，可谓仁者见仁、智者见智。从研究的角度和指标体系的侧重点来看，评价指标体系主要分为以下几类：一是单一性指标，侧重于描述一系列因素的基本情况；二是专题性指标，即选择有代表性专题领域，制定出相应的指标；三是系统化指标，是一种信息集合度最高的指标。但是区域是一个多层次的复合系统，存在着地域分异规律的差异，各个区域发展的基础不同，因而存在着各自的特点。

定量地评价或预测一个区域的生态承载力，关键是要有一套完整的指标体系，它是分析研究区域生态承载力的根本条件和理论基础。从国内外与承载力相关的指标体系研究成果来看，由于在对承载力内涵理解上有差异，所以在评价指标体系结构设计、指标选择上存在仁者见仁、智者见智的情况。综合已有的研究，指标体系构建应遵循以下原则：①体系的构建必须以可持续发展理论和生态经济理论为指导，体现系统性、动态性和完备性原则；②指标体系应具有层次性。这是由生态系统的结构性决定的，要素、子系统和评价指标相互联系，共同构成生态承载力指标体系。并且层次性一方面可以满足不同人群所需，另一方面可以使评价结果更明确，更有针对性；③区域性。评价指标体系的科学性还体现在它能否准确反映评价区域生态系统的个性；④定量指标与定性指标结合。定量与定性指标都有各自的优点与不足，应依其对事物反映的精确程度不同，有选择地采用。在计算处理上定性指标亦可用分等定级的办法予以量化评分处理；⑤指标精简化。"精"是指所选指标应客观准确，"简"是指所选指标并不是越多越好，而应根据目标有重点地筛选一些关键的、必要的、可行的指标（李伟业等，2007）。

二、评价指标的确定

门头沟区社会经济发展水平相对较高，人类活动频繁，生态环境受人为干扰较多，因此，生态环境承载力的评价，以自然资源环境为主控因子。

（1）人口密度　人口密度指标综合体现了区域人口数量水平。计算公式如下。

$$PD = PT/S$$

式中：PD 是人口密度（人/km^2），PT 是总人口数（人），S 是区域总面积（km^2）。

这是一个重要指标，可直接反映一个地区的拥挤程度，其指数大小直接影响人均资源占有量，并间接影响社会各方面的发展（表6-1）。

表 6-1　生态环境承载力评价指标

目标层	准则层	因素层	指标描述
生态环境承载力	社会经济	C_1 人口密度（人/km^2）	表征人口数量的综合指标
		C_2 人口自然增长率（%）	表征人口变化趋势
		C_3 人均 GDP（元）	可总体表征社会经济水平
	水资源	C_4 人均水资源量（m^3/人）	反映区域水资源丰度
		C_5 生态耗水率（%）	反映生态系统与水资源系统协调程度
		C_6 水资源开发利用率（%）	表征区域水资源开发利用潜力
		C_7 万元 GDP 用水量（m^3/万元）	反映区域综合用水水平
	植被资源	C_8 植被保护水资源价值（万元）	反映植被经济价值
		C_9 植被保育土壤价值（万元）	反映植被经济价值
		C_{10} 植被固碳制氧价值（万元）	反映植被经济价值
		C_{11} 生物多样性	反映环境在遭受破坏后的恢复程度
		C_{12} 绿地新增面积（m^2）	反映生态发展趋势
		C_{13} 人均林地（hm^2/人）	反映地区森林资源的人均占有量
	生态产业	C_{14} 旅游价值（万元）	反映生态支柱产业的比重
		C_{15} 非农比重（%）	表征区域经济结构合理程度

（2）人口自然增长率　反映一个地区人口增长的指标，因迁移量小，此值可直接反映该地区人口的动态变化。

人口自然增长率 =（本年出生人数 - 本年死亡人数）/年平均总人口数 × 100%

（3）人均 GDP　人均 GDP 是一个综合性的指标，可以作为经济发展指标的首选指标。计算公式为：

$$GDP_p = GDP_t/PT$$

式中：GDP_p 是人均 GDP（元/人），GDP_t 是 GDP 总量（元），PT 是总人口数（人）。

GDP 是按市场价格计算的国民生产总值的简称，它是一个国家或地区在一定时期内收入初步分配的最终结果。从总体上反映了某一地区的经济实力，是衡量经济富强度的首选目标。

（4）人均水资源量　人均水资源量即人均占有可利用水资源总量的大小，反映了区域水资源的丰富度。人均水资源量作为区域水资源量的评价指标。其计算公式为：

$$WP =（SW + GW）/PT$$

式中：WP 是人均水资源量（m^3/人），SW 是地表水资源量（m^3），GW 是地下水资源量（m^3），PT 是总人口数（人）。

（5）生态耗水率　生态耗水指标是描述生态系统同水资源系统之间协调程度的指标，

满足生态环境需水是保证水资源可持续利用的关键之一。用生态需水率作为生态需水的指标，计算公式为：

$$PEW = EWR/WS$$

式中：PEW 是生态耗水率（%），EWR 是生态需水量（$\times 10^4 \mathrm{m}^3$），WS 是可利用水资源量（$\times 10^4 \mathrm{m}^3$）。

（6）水资源开发利用率　水资源开发利用率是表征实际利用水资源量占水资源总量的比例，也代表区域可利用水资源量的潜力水平，其计算公式为：

$$WUP = WU/WR$$

式中：WUP 是水资源开发利用率（%），WU 是实际利用水资源量（m^3），WR 是水资源总量（m^3）。

（7）万元 GDP 用水量　万元 GDP 用水量反映了区域综合用水水平，涵盖了农业用水水平、工业用水水平和生活用水水平三方面。其计算公式为：

$$WPG = WU/GDP_t$$

式中：WPG 是万元 GDP 用水量（m^3/万元），WU 是总用水量（m^3），GDP_t 是 GDP 总量（万元）。

（8）生物多样性　生物多样性是反映群落内部物种和物种相对多度的指标，本指标数据来源于樱桃沟小流域中受人为干扰的龙凤岭矿区中的永久样地，反映了环境在遭受破坏后的恢复程度。

（9）人均林地

$$人均林地 = 林地总面积/小流域总人口数（\mathrm{hm}^2/人）$$

选取这一指标的目的是要反映地区森林资源的人均占有量。在山区，森林不仅是重要的自然资源，而且也是农民赖以生存的经济资源。

（10）非农比重

$$非农比重 = 非农业总产值/农村社会总产值 \times 100\%$$

农村社会总产值由农业产值、非农业产值构成，客观上反映了农村二、三产业的发展程度和趋势。农村社会总产值是农业总产值、农业建筑总产值、农村工业总产值、运输业总产值、商业和饮食业总产值的合称。非农比重是指除农业产值外，其他农村产值占整个农村社会总产值的比重。大力发展以农副产品为原料的高附加值的加工业和其他非农产业，不但可以有效地提高经济积累，尽快脱贫致富，同时也有利于剩余劳动力的转移，减轻人口对土地以及其他自然资源和环境的压力（李伟业 等，2007）。

三、指标权重的确定

生态环境承载力是个复杂的系统概念，是多个指标综合作用的结果。各指标对承载力的贡献程度，通过权重的大小差别来体现。根据各指标不同的重要程度赋予各指标不同的权重，才能客观、准确地反映区域生态环境的承载力水平。

通过层次分析法确定生态环境承载力评价分析的指标权重（李伟业 等，2007）。邀请一些经验丰富的专家和相关人员，比较指标间的重要程度，构造评价矩阵，确定樱桃沟小流域生态环境承载力评价指标权重的结果（表 6-2）。

表 6-2 生态环境承载力评价指标权重计算结果

目标层	准则层	准则层权重	目标层	目标层权重
			C_1 人口密度（人/km²）	0.262 2
	社会经济	0.118 4	C_2 人口自然增长率（%）	0.374 5
			C_3 人均 GDP（元）	0.363 3
			C_4 人均水资源量（m³/人）	0.192 5
	水资源	0.380 2	C_5 生态耗水率（%）	0.265 4
			C_6 水资源开发利用率（%）	0.218 5
			C_7 万元 GDP 用水量（m³/万元）	0.323 6
生态环境承载力			C_8 植被保护水资源价值（万元）	0.125 0
			C_9 植被保育土壤价值（万元）	0.165 0
	植被资源	0.325 7	C_{10} 植被固碳制氧价值（万元）	0.195 5
			C_{11} 生物多样性	0.184 7
			C_{12} 绿地新增面积（m²）	0.196 3
			C_{13} 人均林地（km²/人）	0.133 5
	生态产业	0.175 7	C_{14} 旅游价值（万元）	0.345 0
			C_{15} 非农比重（%）	0.655 0

四、指标标准的确定

指标评价标准的确定是多因素综合评价的关键之一，各指标的评价标准直接关系到最终评判结果的科学性。由于生态环境承载力评价以可持续发展为总指导原则，以实现生态资源可持续利用为最终目标，所以生态环境承载力评价指标标准的确定应面向可持续发展，应有利于生态环境的开发利用和保护，而且具有可操作性（李伟业等，2007）。本次评价标准的确定是在充分借鉴国内外其他学者研究成果的基础上。遵循不同的指标标准确定原则：对大多数指标，以国内外已有研究成果为确定依据；对于没有标准规定的指标如人均 GDP 等，通过参考北京市平均、全国平均水平，结合樱桃沟实际情况确定樱桃沟该项指标的上限和下限；对于那些缺少明确参考标准的指标，通过请教专家和当地水务部门，确定其可接受的上、下限。生态环境承载力各指标的评价标准如表 6-3 所示。

表 6-3 评价指标标准

准则层	目标层	V	IV	III	II	I
		很强	较强	中等	较弱	很弱
社会经济	X_1 人口密度（人/km²）	<10	10～100	100～200	200～400	>400
	X_2 人口自然增长率（%）	>1	0.5～1	0.5～0	0～-0.5	<-0.5
	X_3 人均 GDP（元）	>35 000	21 000～35 000	7 000～21 000	4 000～7 000	<4 000
水资源	X_4 人均水资源量（m³/人）	>2 200	1 700～2 200	1 000～1 700	500～1 000	<500
	X_5 生态需水率（%）	>40	30～40	20～30	10～20	<10
	X_6 水资源开发利用率（%）	<10	10～40	40～50	50～60	>60
	X_7 万元 GDP 用水量（m³/万元）	>60	50～60	30～50	15～30	<15

（续）

准则层	目标层	V 很强	IV 较强	III 中等	II 较弱	I 很弱
植被资源	X_8 植被保护水资源价值（万元）	>90	80～90	70～80	60～70	<60
	X_9 植被保育土壤价值（万元）	>100	90～100	80～90	70～80	<70
	X_{10} 植被固碳制氧价值（万元）	>40	30～40	20～30	10～20	<10
	X_{11} 生物多样性	>1	0.8～1	0.6～0.8	0.4～0.6	<0.4
	X_{12} 绿地新增面积（m²）	>60 000	45 000～60 000	30 000～45 000	15 000～30 000	<15 000
	X_{13} 人均林地（km²/人）	>0.15	0.12～0.15	0.09～0.12	0.06～0.09	<0.06
生态产业	X_{14} 旅游价值（万元）	>3 000	2 500～3 000	20 00～2 500	1 500～2 000	<1 500
	X_{15} 非农比重（%）	>60	50～60	30～50	20～30	<20

第四节　基于模糊数学的生态环境承载力评价

一、各项评价指标值的确定

由于本研究中选用的指标数量较多，为了使原始资料翔实、准确，进行了大量的资料收集和整理工作。并将不同方面得来的资料和数据进行比较，对于涉及的很多变化性的指标，在实际工作中多次进行实地调查确认。

各项指标数据主要来源于门头沟区各行政部门所作的年鉴、调查、统计和评价。本研究以 2008 年作为现状年，之前年份为现状对比年，现状年及其对比年的各项指标取值见表 6-4。

表 6-4　樱桃沟现状评价指标

指　标	编号	2003 年	2004 年	2005 年	2006 年	2007 年	2008 年
人口密度（人/km²）	X_1	40.07	41.29	37.84	35.40	34.52	33.95
人口自然增长率（%）	X_2	2.35	3.06	-8.38	-6.44	-2.49	-1.66
人均 GDP（万元）	X_3	45 689	51 497	62 785	73 451	101 523	75 449
人均水资源量（m³/人）	X_4	611.13	592.96	647.16	691.68	709.31	721.28
生态需水率（%）	X_5	1.6	2.1	3.1	3.9	4.2	4.6
水资源开发利用率（%）	X_6	19	24	26	28	30	31
万元 GDP 用水量（m³/万元）	X_7	90	88	87	86	72	49
植被保护水资源价值（万元）	X_8	65.19	66.49	67.76	72.59	73.12	73.39
植被保育土壤价值（万元）	X_9	80.41	82.02	83.57	89.55	90.24	90.54
植被固碳制氧价值（万元）	X_{10}	28.97	29.6	30.18	32.51	32.77	32.89
生物多样性	X_{11}	0.000 0	0.362 0	0.892 0	0.923 0	0.915 0	0.866 0
绿地新增面积（m²）	X_{12}	1 500	3 300	22 906	44 300	61 040	68 000
人均林地（km²/人）	X_{13}	0.100 2	0.099 2	0.110 3	0.126 3	0.130 5	0.133 2
旅游价值（万元）	X_{14}	194.67	383.38	968.83	1 987.54	2 261.94	2 704.24
非农比重（%）	X_{15}	11	13	14	15	21	29

二、模糊综合评判

（一）模糊单因子评判计算

对生态环境承载力各影响因素进行评价时，首先将各地区的实测数据根据评价指标，按照提供的隶属度计算公式，计算每个指标实测值相对于各级评价标准的隶属度，也就是单因素模糊评价矩阵 R。将这些隶属度矩阵列表，每个大网格中的数据代表一个矩阵，由于指标体系的准则层指标为 3 个，因而构成了 3 个评价矩阵（表6-5）。

表6-5　现状年及现状对比年模糊隶属度矩阵计算结果

目标层	很强 V	较强 IV	中等 III	较弱 II	很弱 I
X_1 人口密度（人/km^2）	0.165 9	0.834 1	0.000 0	0.000 0	0.000 0
X_2 人口自然增长率（%）	0.921 9	0.078 1	0.000 0	0.000 0	0.000 0
X_3 人均 GDP（元）	0.802 1	0.197 9	0.000 0	0.000 0	0.000 0
X_4 人均水资源量（m^3/人）	0.000 0	0.000 0	0.000 0	0.722 2	0.277 8
X_5 生态需水率（%）	0.000 0	0.000 0	0.000 0	0.186 6	0.813 4
X_6 水资源开发利用率（%）	0.200 0	0.800 0	0.000 0	0.000 0	0.000 0
X_7 万元 GDP 用水量（m^3/万元）	0.928 6	0.071 4	0.000 0	0.000 0	0.000 0
X_8 植被保护水资源价值（万元）	0.000 0	0.000 0	0.019 0	0.981 0	0.000 0
X_9 植被保育土壤价值（万元）	0.000 0	0.000 0	0.541 0	0.459 0	0.000 0
X_{10} 植被固碳制氧价值（万元）	0.000 0	0.397 0	0.603 0	0.000 0	0.000 0
X_{11} 生物多样性	0.000 0	0.000 0	0.000 0	0.100 0	0.900 0
X_{12} 绿地新增面积（m^2）	0.000 0	0.000 0	0.000 0	0.178 6	0.821 4
X_{13} 人均林地（km^2/人）	0.000 0	0.000 0	0.840 0	0.160 0	0.000 0
X_{14} 旅游价值（万元）	0.000 0	0.000 0	0.000 0	0.080 4	0.919 6
X_{15} 非农比重（%）	0.000 0	0.000 0	0.000 0	0.178 6	0.821 4

年份：2003 年

目标层	很强 V	较强 IV	中等 III	较弱 II	很弱 I
X_1 人口密度（人/km^2）	0.152 3	0.847 7	0.000 0	0.000 0	0.000 0
X_2 人口自然增长率（%）	0.945 9	0.054 1	0.000 0	0.000 0	0.000 0
X_3 人均 GDP（元）	0.851 0	0.149 0	0.000 0	0.000 0	0.000 0
X_4 人均水资源量（m^3/人）	0.000 0	0.000 0	0.000 0	0.685 9	0.314 1
X_5 生态需水率（%）	0.000 0	0.000 0	0.000 0	0.193 8	0.806 2
X_6 水资源开发利用率（%）	0.033 3	0.966 7	0.000 0	0.000 0	0.000 0
X_7 万元 GDP 用水量（m^3/万元）	0.924 2	0.075 8	0.000 0	0.000 0	0.000 0
X_8 植被保护水资源价值（万元）	0.000 0	0.000 0	0.149 0	0.851 0	0.000 0
X_9 植被保育土壤价值（万元）	0.000 0	0.000 0	0.702 0	0.298 0	0.000 0
X_{10} 植被固碳制氧价值（万元）	0.000 0	0.460 0	0.540 0	0.000 0	0.000 0
X_{11} 生物多样性	0.000 0	0.000 0	0.000 0	0.362 3	0.637 7
X_{12} 绿地新增面积（m^2）	0.000 0	0.000 0	0.000 0	0.195 3	0.804 7
X_{13} 人均林地（km^2/人）	0.000 0	0.000 0	0.806 7	0.193 3	0.000 0
X_{14} 旅游价值（万元）	0.000 0	0.000 0	0.000 0	0.091 5	0.908 5
X_{15} 非农比重（%）	0.000 0	0.000 0	0.000 0	0.208 3	0.791 7

年份：2004 年

（续）

目标层	很强 V	较强 IV	中等 III	较弱 II	很弱 I
X_1 人口密度（人/km^2）	0.190 7	0.809 3	0.000 0	0.000 0	0.000 0
X_2 人口自然增长率（%）	0.000 0	0.000 0	0.000 0	0.015 4	0.984 6
X_3 人均 GDP（元）	0.899 4	0.100 6	0.000 0	0.000 0	0.000 0
X_4 人均水资源量（m^3/人）	0.000 0	0.000 0	0.000 0	0.794 3	0.205 7
X_5 生态需水率（%）	0.000 0	0.000 0	0.000 0	0.210 1	0.789 9
X_6 水资源开发利用率（%）	0.000 0	0.666 7	0.333 3	0.000 0	0.000 0
X_7 万元 GDP 用水量（m^3/万元）	0.921 9	0.078 1	0.000 0	0.000 0	0.000 0
X_8 植被保护水资源价值（万元）	0.000 0	0.000 0	0.276 0	0.724 0	0.000 0
X_9 植被保育土壤价值（万元）	0.000 0	0.000 0	0.857 0	0.143 0	0.000 0
X_{10} 植被固碳制氧价值（万元）	0.000 0	0.518 0	0.482 0	0.000 0	0.000 0
X_{11} 生物多样性	0.000 0	0.060 0	0.040 0	0.000 0	0.000 0
X_{12} 绿地新增面积（m^2）	0.000 0	0.000 0	0.027 1	0.972 9	0.000 0
X_{13} 人均林地（km^2/人）	0.000 0	0.306 0	0.694 0	0.000 0	0.000 0
X_{14} 旅游价值（万元）	0.000 0	0.000 0	0.000 0	0.160 0	0.840 0
X_{15} 非农比重（%）	0.000 0	0.000 0	0.000 0	0.227 3	0.772 7

年份：2005 年

目标层	很强 V	较强 IV	中等 III	较弱 II	很弱 I
X_1 人口密度（人/km^2）	0.217 8	0.782 2	0.000 0	0.000 0	0.000 0
X_2 人口自然增长率（%）	0.000 0	0.000 0	0.000 0	0.020 2	0.979 8
X_3 人均 GDP（元）	0.923 0	0.077 0	0.000 0	0.000 0	0.000 0
X_4 人均水资源量（m^3/人）	0.000 0	0.000 0	0.000 0	0.883 4	0.116 6
X_5 生态需水率（%）	0.000 0	0.000 0	0.000 0	0.225 2	0.774 8
X_6 水资源开发利用率（%）	0.000 0	0.973 3	0.026 7	0.000 0	0.000 0
X_7 万元 GDP 用水量（m^3/万元）	0.919 4	0.080 6	0.000 0	0.000 0	0.000 0
X_8 植被保护水资源价值（万元）	0.000 0	0.000 0	0.759 0	0.241 0	0.000 0
X_9 植被保育土壤价值（万元）	0.000 0	0.455 0	0.545 0	0.000 0	0.000 0
X_{10} 植被固碳制氧价值（万元）	0.000 0	0.751 0	0.249 0	0.000 0	0.000 0
X_{11} 生物多样性	0.115 0	0.885 0	0.000 0	0.000 0	0.000 0
X_{12} 绿地新增面积（m^2）	0.000 0	0.453 3	0.546 7	0.000 0	0.000 0
X_{13} 人均林地（km^2/人）	0.000 0	0.710 0	0.290 0	0.000 0	0.000 0
X_{14} 旅游价值（万元）	0.000 0	0.000 0	0.475 1	0.524 9	0.000 0
X_{15} 非农比重（%）	0.000 0	0.000 0	0.000 0	0.400 0	0.600 0

年份：2006 年

（续）

目标层	很强 V	较强 IV	中等 III	较弱 II	很弱 I
X_1 人口密度（人/km²）	0.227 6	0.772 4	0.000 0	0.000 0	0.000 0
X_2 人口自然增长率（%）	0.000 0	0.000 0	0.000 0	0.055 8	0.944 2
X_3 人均 GDP（元）	0.952 4	0.047 6	0.000 0	0.000 0	0.000 0
X_4 人均水资源量（m³/人）	0.000 0	0.000 0	0.000 0	0.918 6	0.081 4
X_5 生态需水率（%）	0.000 0	0.000 0	0.000 0	0.231 5	0.768 5
X_6 水资源开发利用率（%）	0.000 0	0.833 3	0.166 7	0.000 0	0.000 0
X_7 万元 GDP 用水量（m³/万元）	0.852 9	0.147 1	0.000 0	0.000 0	0.000 0
X_8 植被保护水资源价值（万元）	0.000 0	0.000 0	0.812 0	0.188 0	0.000 0
X_9 植被保育土壤价值（万元）	0.000 0	0.524 0	0.476 0	0.000 0	0.000 0
X_{10} 植被固碳制氧价值（万元）	0.000 0	0.777 0	0.223 0	0.000 0	0.000 0
X_{11} 生物多样性	0.075 0	0.925 0	0.000 0	0.000 0	0.000 0
X_{12} 绿地新增面积（m²）	0.560 9	0.439 1	0.000 0	0.000 0	0.000 0
X_{13} 人均林地（km²/人）	0.000 0	1.000 0	0.000 0	0.000 0	0.000 0
X_{14} 旅游价值（万元）	0.000 0	0.023 9	0.976 1	0.000 0	0.000 0
X_{15} 非农比重（%）	0.000 0	0.000 0	0.000 0	0.600 0	0.400 0

年份：2007 年

目标层	很强 V	较强 IV	中等 III	较弱 II	很弱 I
X_1 人口密度（人/km²）	0.233 9	0.766 1	0.000 0	0.000 0	0.000 0
X_2 人口自然增长率（%）	0.000 0	0.000 0	0.000 0	0.088 7	0.911 3
X_3 人均 GDP（元）	0.926 2	0.073 8	0.000 0	0.000 0	0.000 0
X_4 人均水资源量（m³/人）	0.000 0	0.000 0	0.000 0	0.942 6	0.057 4
X_5 生态需水率（%）	0.000 0	0.000 0	0.000 0	0.240 4	0.759 6
X_6 水资源开发利用率（%）	0.000 0	0.800 0	0.200 0	0.000 0	0.000 0
X_7 万元 GDP 用水量（m³/万元）	0.000 0	0.450 0	0.550 0	0.000 0	0.000 0
X_8 植被保护水资源价值（万元）	0.000 0	0.000 0	0.739 0	0.161 0	0.000 0
X_9 植被保育土壤价值（万元）	0.000 0	0.554 0	0.446 0	0.000 0	0.000 0
X_{10} 植被固碳制氧价值（万元）	0.000 0	0.785 0	0.215 0	0.000 0	0.000 0
X_{11} 生物多样性	0.000 0	0.830 0	0.170 0	0.000 0	0.000 0
X_{12} 绿地新增面积（m²）	0.758 1	0.241 9	0.000 0	0.000 0	0.000 0
X_{13} 人均林地（km²/人）	0.000 0	0.040 0	0.060 0	0.000 0	0.000 0
X_{14} 旅游价值（万元）	0.000 0	0.908 5	0.091 5	0.000 0	0.000 0
X_{15} 非农比重（%）	0.000 0	0.000 0	0.400 0	0.600 0	0.000 0

年份：2008 年

（二）一级准则层指标模糊评判计算

构造模糊隶属度矩阵以后，将各指标权重值与对应的隶属度矩阵进行矩阵合成计算，即可得到一级评判结果。这里的权重值是指各项指标相对于准则层权重的大小。根据前文用 AHP 法所得的指标权重计算结果，各指标权重可以构造成行矩阵。

$W_1 = (0.3958，0.2524，0.3518)$，$W_2 = (0.2360，0.2650，0.2055，0.2935)$，

$W_3 = (0.1360，0.1450，0.1681，0.1976，0.2033，0.1500)$，$W_4 = (0.4812，0.5188)$。

根据上述结果和矩阵的数值，利用公式

$$B_i = W_i \cdot R_i = (b_1，b_2，\cdots，b_n)$$

进行矩阵合成计算，可得到各分区一级评判结果。结果如表6-6所示。表中数据为准则层各指标对应的各评价等级的隶属度，按照最大隶属度原则，选取每行中的最大值所对应的评价级别即为该指标所达到的级别（表6-6）。

表6-6　一级准则层指标模糊评判结果

年份	一级指标	隶属度矩阵					评价结果	综合评分
		很强 V	较强 IV	中等 III	较弱 II	很弱 I		
2003	P_1	0.680 2	0.319 8	0.000 0	0.000 0	0.000 0	V	0.836 0
	P_2	0.344 2	0.197 9	0.000 0	0.188 5	0.269 4	V	0.531 8
	P_3	0.000 0	0.077 6	0.321 7	0.273 2	0.327 5	I	0.329 9
	P_4	0.000 0	0.000 0	0.000 0	0.144 7	0.855 3	I	0.128 9
2004	P_1	0.703 3	0.296 7	0.000 0	0.000 0	0.000 0	V	0.840 7
	P_2	0.306 3	0.235 8	0.000 0	0.183 5	0.274 4	V	0.523 2
	P_3	0.000 0	0.089 9	0.347 7	0.286 6	0.275 7	III	0.350 4
	P_4	0.000 0	0.000 0	0.000 0	0.168 0	0.832 0	I	0.133 6
2005	P_1	0.376 8	0.248 7	0.000 0	0.005 8	0.368 7	V	0.551 8
	P_2	0.298 3	0.170 9	0.072 8	0.208 7	0.249 2	V	0.512 1
	P_3	0.000 0	0.153 2	0.375 5	0.305 1	0.000 0	III	0.386 5
	P_4	0.000 0	0.000 0	0.000 0	0.204 1	0.795 9	I	0.140 8
2006	P_1	0.392 4	0.233 1	0.000 0	0.007 6	0.366 9	V	0.555 3
	P_2	0.297 5	0.238 7	0.005 8	0.229 8	0.228 1	V	0.529 6
	P_3	0.021 2	0.569 1	0.379 5	0.030 1	0.000 0	IV	0.616 3
	P_4	0.000 0	0.000 0	0.163 9	0.443 1	0.393 0	II	0.254 2
2007	P_1	0.405 7	0.219 8	0.000 0	0.020 9	0.353 6	V	0.560 6
	P_2	0.276 0	0.229 7	0.036 4	0.238 3	0.219 6	V	0.520 8
	P_3	0.124 0	0.628 9	0.223 6	0.023 5	0.000 0	IV	0.670 7
	P_4	0.000 0	0.008 2	0.336 8	0.393 0	0.262 0	II	0.318 2

（续）

年份	一级指标	隶属度矩阵					评价结果	综合评分
		很强 V	较强 IV	中等 III	较弱 II	很弱 I		
2008	P_1	0.397 8	0.227 7	0.000 0	0.033 2	0.341 3	V	0.561 5
	P_2	0.000 0	0.320 4	0.221 7	0.245 3	0.212 6	IV	0.430 0
	P_3	0.148 8	0.451 0	0.247 4	0.020 1	0.000 0	IV	0.579 4
	P_4	0.000 0	0.313 4	0.293 6	0.393 0	0.000 0	II	0.484 1

从表6-6中我们可以看出，按照这种最大隶属度原则判别法，仅仅用 I 至 V 5 个级别来评判各分效应的最终结果，评判结果有点粗糙，掩盖了其他隶属度的作用程度。对于上述的评价指标，有时评价分级是同级的，然而处在同一级别的评价分值仍然有较大差异，因而对指标分级进一步细化。

为了定量反映各级别隶属度对目标的影响程度，对评价标准 V = {V, IV, III, II, I} 在 0~1 之间进行离散。令 a = (0.9, 0.7, 0.5, 0.3, 0.1)，级别越高对生态环境承载力的贡献就越高，评分值也就越高，表明生态环境承载力越大。综合评价取上述计算所得到的 a_j 和 b_j 值进行计算。其计算公式为：

$$a = \sum_{j=1}^{s} (b_j \cdot a_j)$$

式中，a 是生态环境承载力综合评分；b_j 是各等级的隶属度；a_j 是各等级的评分，该式是为了突出占优势等级的作用，利用各等级隶属度为权重进行加权平均计算。评分结果列于表6-6的最后一列。

三、评判结果及分析

（一）一级准则层评价结果

模糊综合评判法侧重于系统复杂性的特点，用模糊语言对复杂系统的模糊性进行描述，根据实测指标对评价标准的隶属度，作出量化评价，这是多指标综合评价中应用比较成熟的一种方法。考虑到本项研究中评价指标体系的复杂性，以模糊综合分析方法为主，对区域生态环境承载力进行综合分析评价。

为了使结果更为直观，将模糊综合评判所得到的一级评价结果的综合评分，整理如表6-7。

表6-7　一级评价结果

综合评分	2003 年	2004 年	2005 年	2006 年	2007 年	2008 年
P_1	0.836	0.840 7	0.551 8	0.555 3	0.560 6	0.561 5
P_2	0.531 8	0.523 2	0.512 1	0.529 6	0.520 8	0.43
P_3	0.329 9	0.350 4	0.386 5	0.616 3	0.670 7	0.579 4
P_4	0.128 9	0.133 6	0.140 8	0.254 2	0.318 2	0.484 1

（续）

评价结果	2003 年	2004 年	2005 年	2006 年	2007 年	2008 年
P_1	V	V	V	V	V	V
P_2	V	V	V	V	V	IV
P_3	I	III	III	IV	IV	IV
P_4	I	I	I	II	II	II

从表 6-7 中可以总结出樱桃沟现状生态环境承载力情况。从 2003 年开始到 2008 年，植被资源系统指标评价结果、生态产业指标评价结果都在持续增强，水资源评价指标比较平稳，社会经济评价结果在 2005 年急剧下降之后，保持平稳，这在评价等级中也能看出来。植被资源与生态产业指标受社会经济指标影响表现出较大的增幅，说明了樱桃沟生态环境系统还处于一个比较稳定的状态，但对经济条件依赖性极大，在后期的发展中，随着经济收入的变化，压力越来越大。

（二）二级综合评价结果

由一级模糊评判结果，结合前面用 AHP 法得到的各准则层的权重 W =（0.1184，0.3802，0.3257，0.1757），对模糊矩阵进行合成计算，即得樱桃沟生态环境承载力的二级评判结果。模糊合成运算方法仍是采用加权求和模型计算，计算结果列于表 6-8。然后计算 a 值得到准则层指标的模糊综合评分，将最终评分结果列在表 6-8 的最后一列。

表 6-8　二级模糊综合评判结果

二级综合评价指标	年份	隶属度矩阵					评价结果	综合评分
		很强 V	较强 IV	中等 III	较弱 II	很弱 I		
生态环境承载力	2003	0.211 4	0.138 4	0.104 8	0.186 1	0.359 3	I	0.788 6
	2004	0.199 7	0.154 0	0.113 3	0.192 6	0.340 3	I	0.436 1
	2005	0.158 0	0.144 3	0.150 0	0.215 2	0.278 3	I	0.410 7
	2006	0.166 5	0.303 7	0.154 6	0.175 9	0.199 2	IV	0.512 5
	2007	0.193 3	0.319 6	0.145 9	0.169 8	0.171 4	IV	0.538 7
	2008	0.095 6	0.350 7	0.216 4	0.172 8	0.121 3	IV	0.503 7

综合上述评价，2 种评价结果基本一致。2003 ~ 2008 年，樱桃沟生态环境承载力逐渐加重，樱桃沟现状生态环境承载力基本处于中等水平，但是自然资源所受压力较大。

第五节　结　论

在广泛搜集研究区基础数据的基础上，运用模糊数学综合评判方法对樱桃沟小流域生态环境承载力进行综合评价。评价结果显示，2003 ~ 2008 年樱桃沟小流域生态环境综合承载能力逐渐增强，社会经济、水资源、植被资源和生态产业系统评价结果呈上升趋势，但仍处于中等偏弱水平。植被资源、生态产业子系统评价结果增幅较大，受社会经济指标影响极大。在流域规划、产业调整中，必须对区域生态环境进行科学规划，提高生态环境承载力。

　　樱桃沟小流域 2003～2008 年的生态环境承载力一级评价结果中四个准则层指标都处于中等偏低水平，综合评价结果平均值为 0.47。生态产业系统指标一直处于低水平，综合评分平均值为 0.24，这说明樱桃沟小流域的生态产业水平较低，整体处于较弱级别。社会经济系统指标和水资源系统指标从 2003～2008 年呈现波动下降的趋势，植被资源和生态产业指标呈现稳定增长的趋势，植被资源指标在 2007 年达到最大值 0.67，生态产业指标在 2008 年达到最大值 0.4841，这说明樱桃沟小流域的植被资源和生态产业的承载力逐渐增强，并且在 2007 年和 2008 年达到最大。二级综合模糊评判结果与一级综合评判结果基本一致，2003～2008 年的综合评分平均值为 0.57，整体处于中等水平。总体来看，2003～2008 年，生态环境承载力呈现稳定增长趋势。

　　通过对社会经济、水资源和自然环境进行评价分析，对研究区域内部各子系统的承载水平有了更清晰的认识。根据各子系统对综合评判的贡献水平，确定樱桃沟生态环境承载力整体处于中等水平，即社会经济、自然环境发展水平较高，而水资源水平较低，整体处于较弱级别，同时污水处理率低，这也是造成樱桃沟水资源条件较差的原因之一。说明樱桃沟小流域目前水资源供需矛盾比较紧张，对生态环境质量也造成较严重的不利影响，尤其是水环境条件较差。因此，可以认为樱桃沟生态环境承载力发展的最大制约因素是水资源条件。

第七章　林灌植被效益评价

櫻桃沟小流域林灌植被不仅产生了林木价值、果品价值等直接经济效益，还产生了间接的生态效益，并且改变了当地的产业结构，对櫻桃沟小流域的区域经济发展和农民收入产生了直接影响。

第一节　直接经济效益

直接经济效益分为林木估算效益、果产品经济效益、直接果实价值。果品经济林总面积为 $364.54hm^2$，产果量 $2.71 \times 10^4 t$。其中经济树种包括：櫻桃、梨、苹果、柿子、杏、红果、玫瑰。

一、林木效益

林木效益采用市场倒算法进行计算，以产品在市场上交易的实际价格为基础，间接地对活立木价格进行估算，其中落叶树种中 96.3% 为灌木，均为成熟林，因此按市场卖价计算，由此计算出櫻桃沟小流域 5 年来的林木效益为 465.92 万元（表7-1）。

表 7-1　櫻桃沟小流域经济林地落叶树种林木价值

林种	种植面积（hm^2）	生物量（kg/hm^2）	利用价值（元/吨）	总价值（万元）
櫻桃	10.12	8 173.91	1 700	14.06
梨	2.30	12 608.79	2 900	8.41
苹果	3.80	14 421.05	2 500	13.70
柿子	7.74	11 623.79	1 800	16.19
杏	5.94	12 962.92	1 700	13.08
红果	28.20	17 901.78	1 500	75.72
玫瑰花	306.67	4 813.52	2 200	324.75
合计	364.77	82 505.76	14 300	465.91

二、果产品效益

经济林以 2008 年数据为准，具体数值分别为：櫻桃 $10.12hm^2$、梨 $2.3hm^2$、苹果 $3.8hm^2$、柿子 $7.74hm^2$、杏 $5.94hm^2$、红果 $28.2hm^2$、玫瑰 $306.67hm^2$。

经调查櫻桃沟小流域的京白梨、櫻桃挂果率较高，玫瑰长势良好，色泽鲜艳、出油率高。经估算 2008 年櫻桃、京白梨、玫瑰花果产品的累计价值为 650.01 万元（表7.2）。

表7-2 樱桃沟小流域经济林地不同果产品价值

林种	挂果面积（hm²）	产果量（t/hm²）	单价（元/kg）	总价值（万元）
樱桃	10.12	4.3	25.6	111.41
梨	2.3	16.3	4.3	16.12
苹果	3.8	18.3	4.4	30.59
柿子	7.74	13.3	4.2	43.24
杏	5.94	8.9	4.9	25.91
红果	28.2	12.2	4.8	165.14
玫瑰花	306.67	0.75	11.2	257.61
合计	364.77	74.05	59.4	650.02

三、直接经济效益价值

樱桃沟小流域经济林直接经济价值等于林木价值、林果产品价值之和，总计 1 115.93万元（表7-3）。

表7-3 樱桃沟小流域经济林直接经济效益价值

林木效益（万元）	果产品效益（万元）	总效益（万元）
465.91	650.02	1115.93

经济林的收入及旅游业的发展能促进经济稳定和发展。凯恩斯学派认为，加大环境建设具有提高对产出的总需求，以及提高生产力及扩充生产能力的效果。樱桃沟小流域的规划，不仅可以解决国民经济发展过程中的环境问题，而且可以通过增加政府支出，刺激有效需求，产生乘数效应，带动相关产业发展，从而拉动区域国民经济增长。

第二节　林灌植被生态效益评价

流域内大面积种植了樱桃、京白梨、玫瑰等，以经济林居多，林灌植被主要为经济树种及杨树林。乔灌木树种基本郁闭成林，可发挥水土保持等生态效益。已郁闭的树种，可统计各树种生态效益。随着年份的增长，经济林的效益逐年发挥，生态效益也在逐年增强。2004～2008年效益面积统计见表7-4。5年来樱桃沟小流域林灌植被发挥水土保持等生态效益的价值核算成林地累计总面积为 1 063.79hm²。

表7-4 2004～2008年樱桃沟小流域林灌植被旅游开发面积及效益计算面积

年份	效益计算面积（hm²）	年份	效益计算面积（hm²）
2004	200.15	2007	220.23
2005	203.92	2008	220.96
2006	218.53	合计	1 063.79

一、林灌植被水资源保护价值

（一）水源涵养价值

樱桃沟小流域林灌植被效益计算面积逐年提升，由 2004 年末的 200.15hm² 提高到 2008 年的 220.96hm²。随着林草植被覆盖率的增加，通过林冠截流、地上枝叶及枯枝落叶层拦截降水、滞留地表径流，从而削减地表径流量、保持土壤水分。林木可以消耗降雨量的 70% ~ 80%，其中林冠截留为 5%，林木植被吸收 23%，森林地被物和土壤蓄水 45%。研究发现，在常见坡度 25° 条件下，有 1cm 厚的枯落物覆盖，径流流速可降到无覆盖坡面的 1/10 ~ 1/15，从而有利于降水入渗。樱桃沟小流域林灌植被随着盖度的增加，蓄水能力明显增强。

1. 林灌植被涵养水源量

根据门头沟气象站观测资料统计，该区多年平均降水量为 413.1mm。由于缺乏樱桃沟小流域林地蒸发量和地表径流的数据，依照北京密云水库调查数据估算出灌木林地蒸散量占降水量的 88%，灌木林地地表径流占降水量的 0.004%。由于土壤中水分较为充足，土层深厚，透水性好，大部分水分可拦蓄到土层中。林地的地表径流很小。樱桃沟小流域林灌植被 5 年的林地效益核算面积为 1 063.79hm²，根据公式可计算出林灌植被 5 年涵养水量为：

$$Y_w = S \times (P - E - C) \times 10^{-3} \times L$$

式中，Y_w——林灌植被涵养水源量（m³）；

P——年平均降水量（mm/a）；

E——林地年平均蒸散量（mm/a）；

C——林地地表径流量（mm/a）；

S——退耕还林林地效益核算面积；

L——水容重，取值为 1 t/m³；

10^{-3}——换算系数。

$$Y_w = 1063.79 \times (413.1 - 413.1 \times 88\% - 413.1 \times 0.004\%) \times 10^{-3} \times 1 = 52.72 (万\ m^3)$$

2. 林灌植被水源涵养的价值

因为森林拦蓄水与水库蓄水的本质类似。经计算，樱桃沟小流域林灌植被措施实施 5 年后，林地涵养水源总量达 $52.72 \times 10^4 m^3$。因此，可用影子工程价格替代，根据水库工程的蓄水成本来确定森林拦蓄水效益，即其蓄水价值应根据蓄积 1m³ 水的水库建造费用为标准。根据研究（周冰冰等，2000；汤萃文等，2011），在充分考虑到建材价格水平上升的因素后，得到目前的单位库容造价为 5.714 元/m³。由此可计算樱桃沟水流域林灌植被 5 年涵养水源价值（表 7-5）。

$$w_1 = Y_w X C_r = 52.72 \times 5.714 = 301.24 （万元）$$

表 7-5　樱桃沟小流域林灌植被发挥效益年度涵养水源价值

年份	效益计算面积 （hm²）	涵养水源量 （×10⁴m³）	涵养水源价值 （万元）
2004	200.15	9.92	56.68
2005	203.92	10.11	57.77
2006	218.53	10.83	61.88
2007	220.23	10.91	62.34
2008	220.96	10.95	62.57
合计	1 063.79	52.72	301.24

（二）林灌植被水质净化价值

樱桃沟小流域林灌植被水质净化价格可根据工业净化水成本来计算改善水质效益。对于樱桃沟小流域污水净化的核算，可以采用周冰冰的研究成果，即每立方米的净化费用 0.9885 元。由此可计算樱桃沟小流域林灌植被水质净化价值（表 7-6）。

$$V_{W2} = Y_W \cdot P \times 10^{-4}$$

式中：V_{W2}——森林净化水质价值（万元）；

　　　　P——工业净化水质单位成本（元/m³）；

　　　　Y_W——森林涵养水源量（m³）；

　　　　10^{-4}——换算系数。

$$V_{W2} = Y_W \cdot P \times 10^{-4} = 52.72 \times 10^4 \times 0.9885 = 52.11 （万元）$$

表 7-6　樱桃沟小流域林灌植被发挥效益年度水质净化价值

年份	效益计算面积（hm²）	涵养水源量（×10⁴m³）	净化水质价值（万元）
2004	200.15	9.92	9.81
2005	203.92	10.11	9.99
2006	218.53	10.83	10.71
2007	220.23	10.91	10.78
2008	220.96	10.95	10.82
合计	1 063.79	52.72	52.11

（三）林灌植被保护水资源价值

樱桃沟小流域林灌植被保护水资源总价值为水源涵养价值和水质净化价值之和（表 7-7）。

$$V_w = V_{w1} + V_{w2} = 301.24 + 52.11 = 353.35 （万元）$$

表 7-7 樱桃沟小流域林灌植被发挥效益年度保护水资源价值

年份	效益计算面积（hm²）	涵养水源量（×10⁴m³）	保护水资源价值（万元）
2004	200.15	9.92	66.49
2005	203.92	10.11	67.76
2006	218.53	10.83	72.59
2007	220.23	10.91	73.12
2008	220.96	10.95	73.39
合计	1 063.79	52.72	353.35

二、林灌植被土壤保育价值

自 2005 年以来，樱桃沟小流域绿化效果明显改善，生态环境建设初见成效，乔木、灌木和草本 3 个不同层次植被群落层盖度均达到 60% 以上，植被群落结构也由单层结构变为乔灌、乔草或乔灌草复层结构。林地覆盖度在 60% 以上时，可减少侵蚀量 90% 以上；覆盖度超过 75% 时，土壤侵蚀已经很轻微或基本不发生侵蚀（汤萃文等，2011）。樱桃沟小流域林灌植被的覆盖率增加，减流减沙效应增强，整体生态环境得到有效改善。土壤侵蚀模数、土壤容重、土壤肥力都有了很大变化。

（一）林灌植被减蚀效应

樱桃沟小流域林灌植被措施实施后在很大程度上减少了废弃土地，减少了土壤肥力流失和泥沙淤积，遏制了土地资源退化，使水土流失得到有效控制（韩永伟等，2011）。樱桃沟小流域自加强林灌植被建设以来，林草植被覆盖度呈逐年上升趋势，水土流失面积呈逐年减少趋势。樱桃沟小流域林灌植被地 5 年减少土壤侵蚀量为：

$$M_{s1} = S \times (D_1 - D_2) \times 10^{-6}$$

式中：M_{s1}——减少土壤侵蚀量（×10⁴t）；

D_1——林灌植被种植前土壤侵蚀模数（t/km²·a⁻¹）；

D_2——林灌植被种植后土壤侵蚀模数（t/km²·a⁻¹）；

S——林地效益核算面积；

10^{-6}——换算系数。

$$M_{s1} = 1063.79 \times (2500 - 1180) \times 10^{-6} = 1.40 (\times 10^4 t)$$

（二）林灌植被减少泥沙淤积与滞留价值

1. 减少泥沙淤积价值

（1）减少泥沙淤积量 根据我国主要流域的泥沙运动规律，全国土壤侵蚀的泥沙有 24% 淤积于水库、江河和湖泊。虽然黄土高原泥沙输移以悬移质为主，但根据唐克丽等对黄河支流泥沙颗粒组成的分析研究，黄河泥沙中大于 0.05mm 的颗粒占总来沙量的 1/5 左右，为 3×10⁸ ～ 4×10⁸ 吨，其中大部分将沉积在下游河道，构成抬高黄河河床的主要威胁（唐克丽等，1984）。

樱桃沟小流域加强林灌植被建设前，坡地上产生的泥沙至少 1/5 将沉积于水库或下游河床。因此，淤积泥沙量以樱桃沟小流域年土壤侵蚀量的 20% 计算，可根据被淤积水库的蓄水成本计算实施林灌植被措施后减少泥沙淤积的价值。樱桃沟小流域实施林灌植被 8 年中累计减少淤积泥沙量为：

$$Y_S = M_{S1} \times e$$

式中：Y_S——种植减少泥沙淤积物质量（万 t）；

e——进入河道或水库的泥沙占侵蚀总量的比（%）；

M_{S1}——减少土壤侵蚀量（万 t）。

$$Y_S = M_{S1} \times e = 1.40 \times 20\% = 0.281 \ (\times 10^4 t)$$

（2）减少泥沙淤积价值　若泥沙容重取 1.28g/m³，计算出泥沙淤积的数量相当于减少库容损失量，再根据水库库容需投入成本费为 5.714 元/m³，计算樱桃沟小流域林灌植被减少泥沙淤积价值为：

$$V_{s21} = C_r \cdot Y_S / B$$

式中：V_{s21}——林灌植被减少泥沙淤积的价值（万元）；

B——淤积泥沙容重（t/m³）；

C_r——水库单位库容的修建成本（元/m³）；

Y_S——退耕还林林木减少泥沙淤积物质量（万 t）。

$$V_{S21} = C_r \times Y_S / B = 0.281 \times 5.714 \div 1.28 = 1.254 \ (万元)$$

2. 减少泥沙滞留价值

樱桃沟小流域减少泥沙滞留价值采用恢复费用法，据调查樱桃沟小流域清除滞留泥沙的成本为 5.1 元/m³。根据上述分析樱桃沟小流域土壤侵蚀量 20% 的泥沙淤积于水库、江河和湖泊，滞留在山前、坡脚、沟口、洼地、库坝河入口的泥沙量也按此比例计算。计算出樱桃沟小流域林灌植被发生效益的林地减少泥沙滞留价值。

$$V_{s22} = Y_S \cdot C_p / B$$

式中：V_{s22}——减少漏沙滞留价值（万元）；

C_p——清除漏沙的单位成本（元/m³）；

B——淤积漏沙容重（t/m³）；

Y_s——退耕还林林木减少泥沙淤积物质量（万 t）。

$$V_{S22} = C_P \times Y_S / B = 5.1 \times 0.281 \div 1.28 = 1.119 \ (万元)$$

3. 林灌植被减少泥沙淤积与滞留总价值

樱桃沟小流域林灌植被措施实施 8 年减少泥沙淤积与滞留总价值等于发挥效益的林地减少泥沙淤积价值与滞留价值之和（表7-8）。

$$V_S = V_{S21} + V_{S22} = 1.254 + 1.119 = 2.373 \ (万元)$$

表7-8　樱桃沟小流域林灌植被发挥效益年度减少泥沙淤积与滞留价值

年份	效益计算面积（hm²）	减少淤积量（×10⁴t）	减少淤积价值（万元）	减少滞留价值（元）	减少泥沙总价值（元）
2004	200.15	0.053	0.236	0.211	0.446
2005	203.92	0.054	0.240	0.214	0.455
2006	218.53	0.058	0.258	0.230	0.487

（续）

年份	效益计算面积 （hm²）	减少淤积量 （×10⁴t）	减少淤积价值 （万元）	减少滞留价值 （元）	减少泥沙总价值 （元）
2007	220.23	0.058	0.260	0.232	0.491
2008	220.96	0.058	0.261	0.232	0.493
合计	1 063.79	0.281	1.255	1.119	2.372

（三）林灌植被减少养分流失价值

樱桃沟小流域加强林灌植被建设后林地表层土壤全氮平均含量 0.006%，全磷 0.059%，全钾 1.75%。因土壤侵蚀造成的 N、P、K 大量损失，其价值可通过增加使用化肥的费用来代替 N、P、K 损失的价值，即用替代市场法来计算樱桃沟小流域林灌植被措施实施后减少土壤肥力损失价值。根据市场调查，目前磷酸二胺和氯化钾的市场价分别为 2 200 元/t 和 1 400 元/t，折算成 N、P、K 化肥的比例分别为：132/28、132/31、75/39。由此可计算出林灌植被减少养分流失价值（表7-9）。

表7-9 樱桃沟小流域林灌植被发挥效益年度减少养分流失价值

年份	效益计算面积 （hm²）	减少侵蚀量 （×10⁴t）	减少养分流失价值 （万元）
2004	200.15	0.26	81.57
2005	203.92	0.27	83.11
2006	218.53	0.29	89.06
2007	220.23	0.29	89.75
2008	220.96	0.29	90.05
合计	1 063.79	1.40	433.54

$$S_{v2} = D \cdot S \cdot \sum_{i=1}^{n} (P_{1i} \cdot P_{2i} \cdot P_{3i}) \cdot 10^{-6}$$

$$S_{v2} = 1\,063.79 \times 8\,100 \times 10^{-6} [(0.006\% \times 132/28 + 0.059\% \times 132/31) \times 2\,200 + 1.75\% \times 75/39 \times 1\,400] = 433.54 \text{（万元）}$$

（四）林灌植被保育土壤养分总价值

樱桃沟小流域林灌植被保育土壤养分总价值为减少养分流失价值和减少土壤淤积及滞留价值之和（表7-10）。

表7-10 樱桃沟小流域林灌植被发挥效益年度保育土壤养分价值

年份	减少泥沙总价值 （万元）	减少养分流失价值 （万元）	保育土壤价值 （万元）
2004	0.446	81.57	82.016
2005	0.455	83.11	83.565
2006	0.487	89.06	89.547
2007	0.491	89.75	90.241
2008	0.493	90.05	90.543
合计	2.372	433.54	435.912

$$V_V = V_S + S_{V2} = 2.373 + 433.54 = 435.913（万元）$$

三、林灌植被固碳制氧价值

（一）林灌植被固定 CO^2 价值

樱桃沟小流域大面积林草植被的恢复、林灌植被的养护，不仅在维持生态平衡、改善生态环境方面发挥不可替代的生态功能，同时它也是一个巨大的碳储库，可以吸收大气中大量的 CO_2，为人类和其他生物释放出大量新鲜的 O_2。植物吸收 CO_2 和释放 O_2 具有不同的使用价值，从使用价值角度看，两者是相互独立的（汤萃文等，2011）。

樱桃沟小流域林灌植被固碳量包括森林生物量固碳和土壤固碳两部分。

1. 森林生物量固定 CO_2 量

根据植物光合作用方程式，植物在光合作用时，利用 28.3kJ 的太阳能，吸收 264g CO_2 和 108g H_2O，产生 180g 葡萄糖和 193g O_2。然后 180g 葡萄糖再转变为 162g 多糖（纤维素或淀粉）：

$$CO_2（264g）+ H_2O（108g）\longrightarrow O_2（193g）+ 葡萄糖（180g）$$
$$\downarrow$$
$$多糖（162g）$$

由光合作用方程式可见，植物生产 162g 的干物质可吸收固定 264g CO_2，那么树木每形成 1g 干物质可以固定 1.63g CO_2。据调查樱桃沟小流域林灌植被主要以灌木林为主，其平均生物量为 5.2t/hm²·a。樱桃沟小流域实施林灌植被建设 5 年间发挥效益的林木面积为 1063.79hm²，由此得出林灌植被生物量固定 CO_2 的量为：

$$Y_{c1} = a \sum_{i=1}^{n} V_j \cdot S_i \times 10^{-4}$$
$$Y_{c1} = 1.63 \times 5.2 \times 1063.79 \times 10^{-4} = 0.90（\times 10^4 t）$$

2. 森林土壤固定 CO_2 量

植被生长的土壤中含有大量有机质，若植被遭受破坏，有机质将被氧化而排放大量 CO_2。樱桃沟小流域加强林灌植被建设实施以来，植被得到快速恢复，增强了土壤有机质的积累，使土壤有机碳含量增加，起到固碳作用，土壤碳源转化为碳汇，进而影响整个大气 CO_2 浓度，具体表现在以下三方面。

（1）林灌植被改变了地表自然地理特征。随着林草植被的恢复，地表生物量增加，进入土壤的植物残体量随之增加，导致土壤有机质含量增加，从而增加土壤有机碳储量。

（2）林灌植被将有效地控制水土流失，保护土壤资源，减小土壤有机碳流失。

（3）林灌植被有效地利用和调整了土地结构。植被保护土壤团聚体结构，土壤中的有机物不至于暴露在空气中，防止了有机物分解；林灌植被使土壤免于风沙侵蚀而减缓土壤有机质的分解，增强土壤碳的积累。林灌植被增加了地表粗糙度，改变了地表物质的迁移过程，改变了地表物质循环，带来一系列的生态环境效益，使土壤性质明显改善。

计算土壤固碳量，采用林灌植被覆盖类型下杨树为主要乔木代表，天然草地为裸露土地的地表覆盖度代表。由此可以计算林灌植被覆盖条件下的有机碳密度（表7-11）。

表7-11 樱桃沟小流域林灌植被覆盖下各土壤类型有机碳密度

林灌植被覆盖类型	D 土层厚度（cm）	C 土壤有机质（g/kg）	B 容重（g/cm³）	换算系数	有机碳密度（kg/m²）
林灌植被	20	15.96	1.201	0.58	1.66
天然草地	20	1.78	1.321	0.58	1.50

$$Y_{c2} = 0.58 \times S_i \times 10^{-3} \sum_{i=1}^{n} C_i \cdot B_i \cdot D_i$$

$$Y_{c2} = 1063.79 \times （1.66 - 1.50） \times 10^{-3} = 1.23 （\times 10^4 t）$$

由于林灌植被的大面积覆盖，土地利用方式改变之后表层土壤的有机碳含量变化较大，因此，该研究中只计算表层土壤的有机碳密度。樱桃沟小流域荒地表层土壤平均容重为 1.321g/cm³，有机质含量为 1.78g/kg，林灌植被覆盖地区的平均土壤容重为 1.201g/cm³，有机质含量为 15.96g/kg。土壤有机质转换为土壤有机碳的换算系数为 0.58，根据有机碳密度公式计算出林灌植被覆盖下土壤有机碳密度。两者的差就是樱桃沟小流域加强林灌植被建设后增加的有机碳密度，即林灌植被建设地区单位面积固定 CO_2 量。

3. 林灌植被固碳总量

林灌植被固碳总量等于森林生物量固碳量与森林土壤固碳量之和。

$$Y_c = Y_{c1} + Y_{c2} = 0.9 + 1.23 = 2.13 （\times 10^4 t）$$

4. 林灌植被固定 CO_2 价值

樱桃沟小流域林灌植被固定 CO_2 价值计算，通过樱桃沟小流域林灌植被的固碳量，折合成纯碳，根据 C 与 CO_2 分子式与原子量，$C/CO_2 = 0.2729$，结合瑞典碳税法和我国造林成本法两种计算方法，将两方法折衷的平均值作为樱桃沟小流域林灌植被固碳价值。碳税法使用瑞典碳税率150 美元/t C；折合人民币 1245 万元/t C；造林成本法采用我国造林成本 250 万元/t C。

计算结果表明，碳税法计算出樱桃沟小流域林灌植被 5 年固碳 1.072 万吨，造林成本法计算出固碳价值364.18 万元，得出樱桃沟小流域林灌植被 5 年固碳价值为 73.13 万元（表7-12）。

$$V_{c1} = \left[Y_c （C_{c1} + C_{c2} \times 10^{-4}） \right] \div 2 \times 0.2729 = 218.67 （万元）$$

表7-12 樱桃沟小流域林灌植被发挥效益年度固定碳价值

年份	效益计算面积（hm²）	生物量固定 CO_2（×10⁴t）	土壤固定 CO_2（×10⁴t）	固定 CO_2 总量（×10⁴t）	折合纯碳（×10⁴t）	固碳价值（万元） 碳税法 1245/tC	固碳价值（万元） 造林成本法（250/tC）
2004	200.15	0.170	0.032	0.202	0.055	68.52	13.76
2005	203.92	0.173	0.033	0.205	0.056	69.81	14.02
2006	218.53	0.185	0.035	0.220	0.060	74.81	15.02

（续）

年份	效益计算面积（hm²）	生物量固定 CO₂（×10⁴t）	土壤固定 CO₂（×10⁴t）	固定 CO₂ 总量（×10⁴t）	折合纯碳（×10⁴t）	固碳价值（万元）	
						碳税法 1245/tC	造林成本法（250/tC）
2007	220.23	0.187	0.035	0.222	0.061	75.39	15.14
2008	220.96	0.187	0.035	0.223	0.061	75.64	15.19
合计	1 063.79	0.902	0.170	1.072	0.293	364.17	73.13

根据植物光合作用方程式，森林树木光合作用时，利用 28.3kJ 的太阳能，吸收 264g CO_2 和 108g H_2O，产生 180g 葡萄糖和 193g O_2，然后再将 180g 葡萄糖转变为 162g 多糖（纤维素或淀粉）。

由光合作用和呼吸作用的总结果可见，森林树木生产 162g 的干物质可提供 193g 的 O_2，那么森林树木形成 1g 干物质可提供 1.2g O_2，即形成 1t 干物质可放出 1.2t O_2。

根据樱桃沟小流域林地单位面积的生物量为 5.16t/hm²，求出樱桃沟小流域林灌植被林地总生物量，乘以单位干物质释放 O_2 量，再根据我国森林提供 1t O_2 的造林成本为 361.7 元，计算出樱桃沟小流域林灌植被 7 年间林地产生 O_2 的价值（表 7-13）。

$$V_{c2} = C_0 \cdot b \cdot \sum_{i=1}^{n} V_i \cdot S \times 10^{-4}$$

$$V_{c2} = 361.7 \times 1.2 \times 3.19 \times 1063.79 \times 10^{-4} = 147.29（万元）$$

表 7-13　樱桃沟小流域林灌植被发挥效益年度制氧价值

年份	效益计算面积（hm²）	生物量（×10⁴t）	制氧量（×10⁴t）	制氧价值（万元）
2004	200.15	0.031	0.037	27.71
2005	203.92	0.032	0.038	28.23
2006	218.53	0.034	0.041	30.26
2007	220.23	0.034	0.041	30.49
2008	220.96	0.035	0.042	30.59
合计	1063.79	0.166	0.199	147.28

（二）固碳制氧总价值

樱桃沟小流域林灌植被建设 5 年后，固碳制氧总价值等于林灌植被固定 CO_2 价值和制造 O_2 价值之和（表 7-14）。

$$V_C = Y_{C1} + V_{C2} = 10.67 + 147.28 = 157.95（万元）$$

表 7-14　樱桃沟小流域林灌植被发挥效益年度固碳制氧价值

年份	效益计算面积（hm²）	固碳价值（万元）	制氧价值（万元）	固碳制氧价值（万元）
2004	200.15	1.89	27.71	29.60
2005	203.92	1.95	28.23	30.18
2006	218.53	2.25	30.26	32.51

（续）

年份	效益计算面积（hm²）	固碳价值（万元）	制氧价值（万元）	固碳制氧价值（万元）
2007	220.23	2.28	30.49	32.77
2008	220.96	2.30	30.59	32.89
合计	1 063.79	10.67	147.28	157.95

（三）林灌植被吸收 SO₂ 价值

根据《中国生物多样性国情研究报告》（张维平，1998），阔叶树对 SO₂ 的吸收能力为 88.65kg/hm²，针叶林、杉林、松林的吸收能力为 215.60kg/hm²。本研究采用面积——吸收能力法计算吸收 SO₂ 的物质量。樱桃沟小流域林灌植被中乔木林地均为杨树，经济林地为樱桃、梨等灌木阔叶林。根据我国削减 SO₂ 的平均治理费用为 600 元/t，由此可得出林灌植被林地吸收 SO₂ 价值（表 7-15）。

$$V_{s1} = C_s \cdot \sum_{i=1}^{n} R_i \cdot S_i \times 10^{-7}$$

$$V_{s1} = 600 \times 1\,063.79 \times 88.65 \times 10^{-7} = 0.566（万元）$$

表 7-15　樱桃沟小流域林灌植被发挥效益年度吸收 SO₂ 价值

年份	效益计算面积（hm²）	吸收 SO₂ 量（t）	吸收 SO₂ 价值（万元）
2004	200.15	1.77	0.106
2005	203.92	1.81	0.109
2006	218.53	1.94	0.116
2007	220.23	1.95	0.117
2008	220.96	1.96	0.118
合计	1 063.79	9.43	0.566

（四）林灌植被阻滞降尘价值

根据《中国生物多样性国情研究报告》（张维平，1998），据测定，我国森林的滞尘能力：阔叶林为 10.11kg/（hm² · a），针叶林为 33.2kg/（hm² · a）。本研究森林降尘量采用面积——滞尘能力法。樱桃沟小流域林灌植被乔木林地均为杨树，经济林地为樱桃、梨等灌木阔叶林。根据我国削减粉尘的平均单位治理成本为 170 元/t，由此可得出林灌植被阻滞尘价值（表 7-16）。

$$V_{s2} = C_d \cdot \sum_{i=1}^{n} L_i \cdot S_i \times 10^{-7}$$

$$V_{s2} = 170 \times 1\,063.79 \times 10.11 \times 10^{-7} = 0.0183（万元）$$

表 7-16　樱桃沟小流域林灌植被发挥效益年度滞尘价值

年份	效益计算面积（hm²）	滞尘量（×10⁴t）	滞尘价值（万元）
2004	200.15	0.202	0.003 4
2005	203.92	0.206	0.003 5
2006	218.53	0.221	0.003 8
2007	220.23	0.223	0.003 8
2008	220.96	0.223	0.003 8
合计	1 063.79	1.075	0.018 3

（五）林灌植被净化环境总价值

森林能够吸收 SO_2、HF、Cl_2 和其他有害气体，降解污染物，还具有削减光化学烟雾污染和净化放射性物质的作用。此外，森林还具有减弱空气中的烟尘，杀菌、降噪的功能。由于森林这些功能，净化了环境，因而使空气中产生较多的负氧离子，改善人们的神经系统，调节人体免疫系统，保障人民健康。减少流行疾病，减少了医疗保健费用。因此森林净化环境价值主要包括吸收 SO_2 价值、滞尘价值、减少医疗费用价值。根据造林面积及森林对有害物质消减能力及影子价格可以计算净化空气价值。樱桃沟小流域林灌植被净化环境总价值等于吸收 SO_2 价值、阻滞降尘价值之和（表 7-17）。

$$V_s = V_{s1} + V_{s2} = 0.566 + 0.0183 = 0.5843 （万元）$$

表 7-17　樱桃沟小流域林灌植被发挥效益年度净化环境总价值

年份	效益计算面积（hm²）	吸收 SO_2 价值（万元）	滞尘价值（万元）	净化环境价值（万元）
2004	200.15	0.106	0.003 4	0.109 4
2005	203.92	0.109	0.003 5	0.112 5
2006	218.53	0.116	0.003 8	0.119 8
2007	220.23	0.117	0.003 8	0.120 8
2008	220.96	0.118	0.003 8	0.121 8
合计	1 063.79	0.566	0.018 3	0.584 3

（六）改善小气候价值

加强林灌植被建设后，在小范围内引起林草植被增加，增加了地表反射率，改变了太阳能的分配方式，使温度降低、湿度增加，而这些又反过来影响林草植被的再生潜力（焦峰，2005）。绿色植物是气温和地温的调节器，林草植被能缓和阳光的热辐射，冬季提高空气和土壤温度，夏季可减少地表水分蒸发量和作物蒸腾量，起到降温作用，而且还具有降低风速、减少沙尘等作用，通过这些功能促使农牧业增产，因此改善小气候价值主要包括降低温度价值。由于评价方法的限制，增加大气相对湿度效益、减少自然灾害效益无法计量，本文仅计算降低温度价值。

樱桃沟小流域的林草植被恢复后生态系统降低温度所产生的价值，利用影子工程法计算，可以将樱桃沟小流域林地视为一个大房间，求出在此体积中降低温度所需的成本即为樱桃沟小流域植被恢复后生态系统降低温度所产生的价值。由于夏季每年7～9月降温较明显，因此以7～9月减低温度节省空调费的价值代替樱桃沟小流域林灌植被每年降低温度的价值。

由于没有樱桃沟小流域林地内温度实测值，根据研究（张景哲，1988），绿地覆盖率每增加10%，夏季白天气温下降0.93℃，樱桃沟小流域林灌植被建设7年后，森林覆盖率增加了12.6%。因此，以0.93℃作为樱桃沟小流域林灌植被建设后林内夏季温度降低值，再以7、8、9月为标准，每月以30天计算，以夏季普通空调在单位容积内降低1℃的费用1元计算。据调查樱桃沟小流域林灌植被以杨树、经济灌木林和小乔木为主，故平均林高取值为2.6m。

樱桃沟小流域平均林高与林地面积相乘计算出樱桃沟小流域森林总容积量，再根据7～9月平均降低温度，计算森林总容积量下降低温度的价值（表7-18）。

$$V_{t1} = t \cdot C_t \cdot T_0 \cdot h \cdot S \times 10^4$$

$$V_{t1} = 1 \times 30 \times 12.6 \times 0.93 \times 2.6 \times 1063.79 \times 10^{-4} = 97.23 （万元）$$

表7-18 樱桃沟小流域林灌植被发挥效益年度改善小气候价值

年份	效益计算面积（hm²）	降温价值（万元）
2004	200.15	18.29
2005	203.92	18.64
2006	218.53	19.97
2007	220.23	20.13
2008	220.96	20.20
合计	1 063.79	97.23

四、林灌植被生态效益总价值

将以上各项生态功能价值加总得到樱桃沟小流域林灌植被生态效益总价值。

$$V = 353.35 + 435.912 + 157.95 + 0.584 3 + 97.23 = 1 045.03 （万元）$$

第三节　林灌植被经济和社会效益评价

一、对区域经济发展的影响

林灌植被目前作为自然旅游资源的内容，促进了小流域经济稳定发展。凯恩斯学派认为，增加公共投资具有提高对产出的总需求，以及提高生产力及扩充生产能力的效果。相对于樱桃沟小流域扩大林灌植被旅游规模的计划，不仅可以解决国民经济发展过程的环境问题，而且可以通过增加政府支出、刺激有效需求、产生乘数效应，来带动相关产业发展，从而拉动樱桃沟小流域内经济增长。林灌植被通过政府投入，改善农业生产条件，使种植业和林业生产效率大幅度提高。通过发展特色经济，形成林灌植被地区支柱产业，从而提高林灌植被经济效益，促进当地经济发展。最突出的方面就是区域生产总值、农业产值、林业产值。樱桃沟小流域经济生产总值在总体上呈现逐年上升趋势。

樱桃沟小流域在 2001～2005 年间基本处于上升趋势，2005 年农业产值比 1999 年林灌植被旅游开发前增加了 22.7%。这种林灌植被旅游开发中农业的健康可持续发展，正是由于樱桃沟小流域近年来在实施林灌植被旅游生态的同时，按照市场需求积极调整种植业结构，大力发展经济作物，增加科技投入，采取了高效、集约化经营的措施，从而促进了农业的增产增效，尤其是推动了种植业的稳步健康发展。

林灌植被自然观光旅游业的发展，一方面在加大科技投入的同时，必然要改造一些正处于盛果期的经济林木老品种或者退化果品，于是经济林的总体产量便受到一定影响，但是由于生态林注重生态功能及效益的发挥，在短期内很难获得较好的直接经济效益，在一定程度上也没有大幅度促进林业产值的增加。林灌植被自然观光旅游开发后的 2003～2008 年林业产值及其在农业总产值中的比例呈逐年减少趋势，到 2008 年林业产值为 1 734 万元，基本处于平稳状态。

从国内生产总值以及农业总产值来看，实施林灌植被旅游资源开放不仅没有影响区域经济的发展，而且促使了樱桃沟小流域经济的可持续健康发展。

二、对农民人均收入的影响

林灌植被是一项保护生态、协调人与自然和谐、持续稳定发展的系统工程。发展特色经济、增加农民收入是林灌植被持续稳定发展的根本保障。

在林灌植被中，农民所获得的利益包括短期收益和长期收益。短期收益是指由于参与林灌植被旅游开发，国家给予的补贴；长期收益包括林灌植被建设后，林地带来的经济效益和生态效益，此外通过从事其他产业和外出劳务增加收入。农民平均收入情况如图 7-1 所示。

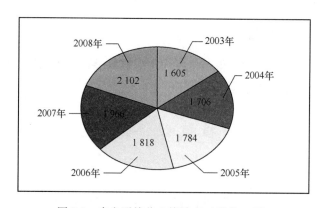

图 7-1　农户平均收入统计表（单位：元）

人均纯收入是反映经济状况好坏的一个重要指标，樱桃沟小流域在实施林灌植被措施后农民人均纯收入开始稳步大幅增长。一方面在国家政策支撑下，林灌植被的补贴到位，农民人均纯收入便开始稳定增长；另一方面林灌植被旅游开发后，农民人均收入和结构发生了变化，第三产业的发展大力刺激了农村产业结构的调整。林灌植被旅游开发的农户从事经济活动的时间和空间范围扩大了，可寻找新的生产门路增加收入。此外，在农业生产条件差、单产较低的地区，林灌植被自然观光旅游开发农户从国家得到的补助粮款可以增加农民收入。从农民人均收入水平看，樱桃沟小流域农民人均纯收入平均以 101 元/年的速度稳步增长，2008 年达到 2 102 元，较 2003 年的 1 605 元净增 497 元。樱桃沟小流域农户收入渠道已开始向着多样化发展。主要表现在以下几方面：

（一）林灌植被旅游项目开放实施政策性补偿

国家通过农税减免的办法，无偿向林灌植被旅游开发户提供粮食、现金和经营费，这一补偿机制在樱桃沟小流域为大多数林灌植被旅游开发户增收提供了保障。

林灌植被现金补贴增加了农民的转移性收入，林灌植被自然观光旅游开发区农民收入增加，促进了农民的积极性。50%以上农户的林灌植被旅游开发补偿金收入占家庭总收入的比例超过 50%，其中林灌植被旅游开发占总收入的比例大于 70%，占总户数的 22%，说明有 70%的家庭主要依靠林灌植被旅游开发补偿金生活。林灌植被自然观光旅游开发以后，随着林灌植被的不断深入，樱桃沟小流域侧重于旅游开发、农家乐发展、增加果园经济林产值主导产业的投入力度，部分农民从种植粮食转向了养殖、外出务工、经商等，林灌植被旅游开发区农民的收入结构及其增长速度也发生了积极的变化。同时伴随着其他产业收入的增加，林灌植被补助占人均收入比例也逐渐减少，农民对林灌植被旅游开发补助的依赖性逐渐减弱。农户政策补偿见表 7-19。

表 7-19 农户政策补偿统计表

年份	林灌植被旅游开发农户数	现金补偿（万元）	户平均补偿（元）	户平均人口	人平均补偿（元）	平均收入（元）	所占比例
2003	1 023	82	80. 22	4	20. 05	1 605	1.25%
2004	1 623	74	45. 56	4	11. 39	1 706	0.67%
2005	2 089	74	48. 23	4	12. 05	1 784	0.68%
2006	2 645	100	30. 23	4	7. 55	1 818	0.42%
2007	3 125	39	12. 47	4	3. 11	1 966	0.16%
2008	3 222	46	14. 22	4	3. 56	2 102	0.17%

到 2008 年止，林灌植被旅游开发补偿金不是这些农户家庭收入的最主要来源。国家停止补偿时，不会影响其生活。随着其他产业的发展，收入结构的变化，补偿年限到期后停止发放补偿金时，农民能够维持正常的生活开支，不会受到影响。

（二）劳动力转移增加收入

林灌植被旅游开发项目实施，解放了农村劳动力，推动了二、三产业的发展。2007 年农民年均收入总体呈上升态势的贡献因子中，外出务工、经商收入占户均收入的比例最大，4%的农村人口外出打工。就调查户总体来看，外出务工、经商收入成为家庭收入的重要来源，越来越多的林灌植被旅游开发户加入到了打工、经商的行列。

（三）调整种植业结构增加农民收入

櫻桃沟小流域在 2003 年之前，农民收入主要以种植业为主。随着林灌植被旅游开发，及经济林的大力发展，农民从事第三产业的可能性增加，将其途径扩宽。根据市场需求，及时调整种植业比例，大力发展以櫻桃、京白梨、柿子为主的特色经济型农业种植，稳定了经济。种植业仍是农户收入中重要的组成部分，与第三产业中的旅游业并重。

基于上述分析，2007 年调查农户收入结构组成中，促使农民人均收入总体增加、贡献因子最大的是务工经商的收入，其他收入主要指林果业等，其次是林灌植被自由观光旅游开发补助收入。由此看出，櫻桃沟小流域农民的收入结构正向着多样化方向发展，收入的主要来源已从林灌植被自由观光旅游开发前的种植业为主，逐渐转向林灌植被自然观光旅游为主。虽然目前林灌植被旅游开发补助占农民收入的比例还是很大，但随着务工经商、未来林果业收入的逐渐增加，农民对林灌植被自由观光旅游开发补助的依赖将逐渐减弱，相关补助停止后，农民的生活将不会受到较大影响。

第四节　结　论

从水资源保护价值、土壤保育价值、固碳制氧价值等方面综合分析，2004～2008 年櫻桃沟小流域林灌植被的生态效益达到 1 087.63 万元，其中水资源保护价值为 353.35 万元；土壤保育价值为 435.912 万元；固碳制氧总价值 157.95 万元；林灌植被净化环境总价值 0.5843 万元；改善小气候价值 97.23 万元。从林木价值和林果产品价值考虑，2004～2008 年櫻桃沟小流域林灌植被的直接经济效益达到 1 115.93 万元。櫻桃、京白梨、玫瑰花等果产品的累计价值均得到了提高，生态产业已经成为农户收入的主要来源。櫻桃沟小流域经济林不仅产生了林木价值、生态效益价值、果产品价值等直接经济效益，而且改变了当地的产业结构，通过转移劳动力和改善种植业结构增加了农民收入，促进了櫻桃沟小流域经济可持续健康发展。

第八章 小流域农业观光产业发展评价

樱桃沟将传统农业及旅游业相结合，大力发展了以农业观光园为主要特色的产业，收益显著，2004～2008年间消费收益水平呈现连年增长趋势。利用农田景观、自然生态及环境资源，融合农业生产、农村文化、农家生活和农业观光采摘，为游客提供休闲、游憩和民俗文化教育等多重功能。

第一节 问卷设计与抽样调查

一、问卷设计

此次调查，问卷分成园区类和游客类两套。其中，针对游客的正式问卷由下面内容组成，游客的社会经济特征包括休闲农业观光园观光游客的性别、年龄、文化、职业、出行方式、出游动机、是否多目的地旅游、观光的次数等内容；游客在休闲农业观光园的基本费用。详细调查休闲游客的通勤距离、通勤时间、游玩时间、游玩活动、交通费用、餐饮住宿费用、农业体验开支、购买土特产品的花销情况；游客对休闲生态农业观光园的评价程度及最高支付意愿。调查游客对休闲农业观光园的农田景观、空气质量、农家餐饮、科普教育、服务质量、活动安排、农业观光园特色等环境资源及服务品质的满意度，在模拟市场环境下，询问受访游客对观光农地保护的最高支付意愿（Willingness To Pay，WTP）。农场类问卷的调查内容包括两部分：休闲农业观光园的基本资料。包括农业观光园转型时间、企业性质、经营模式、土地面积、转型前后容纳的劳动力人数、固定资产投资、投资收益等基本情况；休闲农业观光园的经营情况。了解农业观光园的客源地、经营季节、经营范围、经营状况、经营特色、转型前后的经营业绩等经济效益情况（邢媛等，2005）。

二、抽样调查

(一) 樱桃沟小流域农业观光园游客2008年抽样调查情况统计

农场类的问卷我们面访农业观光园从事经营管理和财务的负责人，填写问卷1份，详细了解农业观光园的基本情况和经营效益。游客抽样调查是此次调查的重点，受访游客的样本数量按Scheaffer抽样公式确定，

$$N^* = \frac{N}{(N-1)\delta^2 + 1}$$

式中：N^*为抽样样本数；N为总人数；δ为抽样误差。

设定抽样误差0.06，农业观光园年均游客总量在90 000人次，经过计算游客抽样份数在277份左右。考虑到农业观光有较强的季节性，我们在2008年国庆黄金周游客相对集中期间，对农业观光园进行调查，随机抽取1 100位游客，采用面对面的调查方式，回收有效样本963份，占问卷的87.5%。

（二）樱桃沟小流域农业观光园游客2006年抽样调查统计

农场类的问卷调查计算方法同上。樱桃沟农家乐2006年均游客总量在50 000人次，经计算游客抽样份数在276份左右。考虑到农业观光有较强的季节性，我们在2006年国庆黄金周游客相对集中的期间，对农业观光园进行调查，随机抽取300位游客，采用面对面的调查方式，回收有效样本300份。

（三）樱桃沟小流域农业观光园游客2004年抽样调查情况统计

园区类的问卷调查计算方法同上。樱桃沟农家乐2004年均游客总量在20 000人次，经过计算游客抽样份数在274份左右。考虑到农业观光有较强的季节性，我们在2004年国庆黄金周游客相对集中的期间，对农业观光园进行调查，随机抽取200位游客，采用面对面的调查方式，回收有效样本200份。

第二节　结果与分析

一、游客的基本特征

（一）性别和年龄结构

1. 樱桃沟小流域2008年游客性别及年龄结构

受访游客中女性占63%，男性37%，农业观光园游客年龄在21～31岁的居多，占40%；游客性别有较大差异，女性明显高于男性，年轻女性对休闲农业的消费结构明显高于普通人群；31～40岁年龄组游客性别相当，且该年龄段男性对休闲农业的消费结构最高；41～50岁年龄组男性的比例高于女性。调查显示，知识女性和中年男性对休闲农业的消费偏好较高。2008年性别年龄结构如图8-1所示。

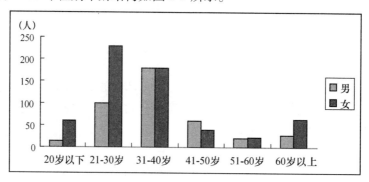

图8-1　2008年性别、年龄结构图

2. 樱桃沟小流域 2006 年游客性别及年龄结构

受访游客中女性占 60%，男性 40%，农业观光园游客年龄在 21~31 岁的居多，占 35%；游客性别有较大差异，女性明显高于男性。同时发现年轻女性游客多于年轻男性游客，中年男性游客多于女性游客，在 60 岁以上女性游客明显多于男性游客。2006 年性别年龄结构如图 8-2 所示。

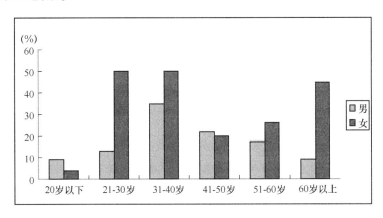

图 8-2　2006 年性别、年龄结构图

3. 樱桃沟小流域 2004 年游客性别及年龄结构

受访游客中女性占 56%，男性 44%，农业观光园游客年龄在 21~31 岁的居多，占 30%；游客性别有较大差异，女性明显高于男性。同时发现年轻女性游客多于年轻男性游客，而在中年，男性游客多于女性游客。在 60 以上不同性别间没有太大的差异。2004 年性别年龄结构如图 8-3 所示。

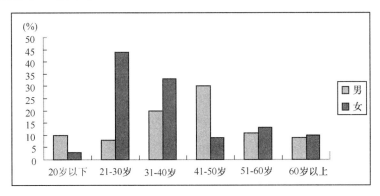

图 8-3　2004 年性别、年龄结构图

（二）文化和职业结构

1. 樱桃沟小流域 2008 年文化和职业结构

调查表明，游客学历包含博士、硕士、本科、大专和大专以下，其中从事的职业多为

公务员、管理人员、教师、医生、技术、个体工商户等。从图中可以看出，在游客中本科学历的人数最多，其次为大专学历，说明参与农业观光的以高学历、具有稳定的职业和收入来源的游客为主。

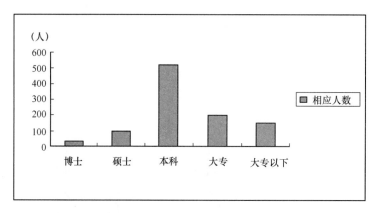

图 8-4　2008 年游客文化程度结构

2. 樱桃沟小流域 2006 年文化和职业结构

2006 年游客的文化程度和职业结构见图 8-5，游客学历包含博士、硕士、本科、大专和大专以下，其中从事职业为公务员、管理人员、教师、医生、技术、个体工商户等所占比例较大。由图可见，游客人员以本科与大专学历为主，说明农业观光旅游的主体人员具有高学历与稳定收入。

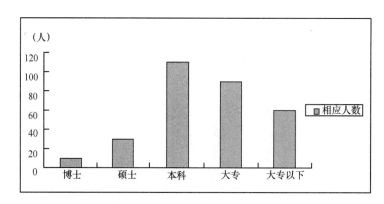

图 8-5　2006 年游客文化程度结构

3. 樱桃沟小流域 2004 年文化和职业结构

2004 年游客的文化程度和职业结构与 2008 年和 2006 年相同图 8-6，游客学历包含博士、硕士、本科、大专和大专以下，其中本科占 70% 以上、大专占 60%，由此可见，游客人员以本科与大专学历为主，说明农业观光旅游的主体人员具有高学历与稳定收入。

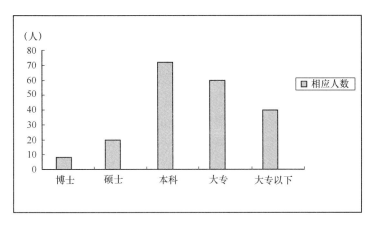

图 8-6　2004 年游客文化程度结构

（三）樱桃沟小流域农业观光游客收入结构

1. 2008 年樱桃沟小流域游客收入结构

受访游客中，个人月收入在 1 000 元以下的占 4%，1 001~1 500 元的占 8%，1 501~2 000 元的占 15%，2 001~2 500 元的占 18%，2 501~3 000 元的占 25%，3 000 元以上的占 30%。调查表明，休闲农业观光园的游客以中收入阶层为主。2008 年游客月收入程度结构如图 8-7 所示。

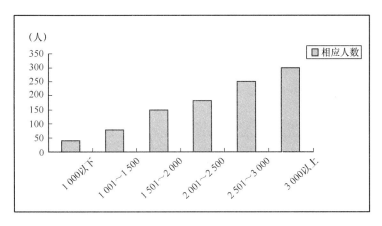

图 8-7　2008 年游客个人月收入程度结构

2. 2006 年樱桃沟小流域游客收入结构

受访游客中，个人月收入在 1 000 元以下的占 7%，1 000~1 500 元的占 10%，1 501~2 000 元的占 14%，2 001~2 500 元的占 9%，2 501~3 001 元的占 18%，3 001 元以上的占 40%。调查表明，与 2008 年相同，休闲农业观光园的游客以中高收入阶层为主。2006 年游客月收入程度结构如图 8-8 所示。

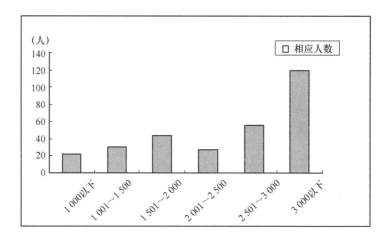

图 8-8　2006 年游客个人月收入程度结构

3. 2004 年樱桃沟小流域游客收入结构

受访游客中，个人月收入在 1 000 元以下的 4%，1 001～1 500 元的占 8%，1 501～2 000 元的占 15%，2 001～2 500 元的占 18%，2 501～3 000 元的占 25%，3 001 元以上的占 30%。调查表明，同 2006 年和 2008 年类似，休闲农业观光园的游客以中高收入阶层为主。2004 年游客月收入程度结构如图 8-9 所示。

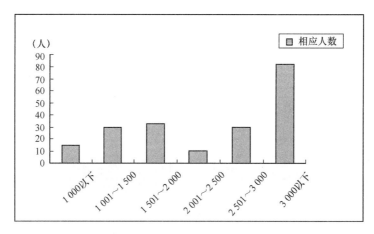

图 8-9　2004 年游客个人月收入程度结构

（四）出游动机

大多数游客到郊区农业观光园游玩的主要目的是休闲度假、舒缓紧张的城市生活、欣赏农业景观、体验农村生活、吃农家饭、接受科普教育、参加会议、健康疗养等。其中，女性游客中以农业采摘、农业观光、体验农村生活的目的为主，男性游客以农家餐饮、休闲度假为主。

二、生态农业的游憩价值

（一）樱桃沟小流域游客客源地

1. 樱桃沟小流域 2008 年游客客源地

农业观光园的游客有 79% 来自北京市，21% 的游客来自北京市以外的地区，诸如河北、山西、山东、东北等地。市外游客到农业观光园游玩的目的一般是多目的游玩，有探亲、访友或聚会。问卷设计时，考虑到这部分客流量虽少，却占休闲农业观光园经营性收入的 5%~10% 左右，为此没有将这部分样本作为异常样本剔除。在数据处理时，针对市外游客的游玩性质，将其整个行程的旅行费用扣除在顺访景点的直接消费和一定比例的交通费用（按游玩地的权重分配），得到其在农业观光园的交通费用、食宿费用、时间成本。

2. 樱桃沟小流域 2006 年游客客源地

2006 年樱桃沟观光园的游客来自北京市的占 60%，外省地区如河北、天津、山东、东北等地的游客占 40%。市外游客不仅在农业观光园进行自然景观的游玩，同时也进行农家乐、聚会、探亲或访友等活动。虽然农业观光园的客流量很少，而其收入却占休闲经营性收入的 10%~15% 左右，因此在问卷设计时没有将此部分样本作为异常样本别除。在数据处理时，针对市外游客的游玩性质，将其顺访景点的直接消费和一定比例的交通费用（按游玩地的权重分配）在整个行程的旅行费用中扣除，从而得到其在农业观光园的时间成本、交通费用和食宿费用。

3. 樱桃沟小流域 2004 年游客客源地

2004 年游客客源地与 2006 年相同，60% 来自北京市，40% 的游客来自北京市以外的地区，诸如河北、山西、山东、东北等地。市外游客到农业观光园游玩多数是探亲、访友或聚会。问卷设计时，考虑到这部分客流量虽少，却占休闲农业观光园经营性收入的 8%~10% 左右，为此没有将这部分样本作为异常样本剔除。在数据处理时，针对市外游客的游玩性质，将其整个行程的旅行费用扣除在顺访景点的直接消费和一定比例的交通费用（按游玩地的权重分配），得到其在农业观光园的交通费用、食宿费用、时间成本。

（二）费用结构

Bockstael 和 McConnell、Smith 等学者认为旅游成本除交通成本和门票外，还包括在游憩地的食宿开支、购物、时间成本及使用游乐设施的支出等。农业观光园的进入价格为零，附近有的居民步行或骑自行车过来游玩 1~2h，旅游费用极低。游客的旅游费用主要包括交通费用、餐饮食宿费用、农业体验开支和时间机会成本 4 项。其中，农业观光园的游客为中高水平者，以此为农业观光园游客的性别年龄结构。

多数研究人员以区域的平均费用作为计量基础，在此为游客的实际交通费用。餐饮食宿费用、农业体验开支作为计算基础，时间机会成本按游客日实际收入赋值。以

2008 年调查数据为例，农业观光园游客的平均旅游费用 280 元，以餐饮食宿费用和时间机会成本为主，分别占旅游费用的 38% 和 36%，农业体验开支占 12.15%，表明农业观光园在观光产业、农业生产体验方面的消费项目开发仍需进一步加强。2008 年收支费用构成结构如图 8-10 所示。

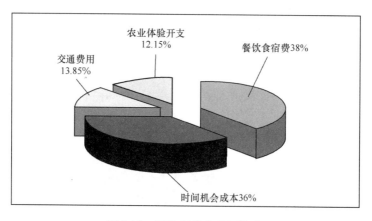

图 8-10　2008 年收支费用构成

2006 年农业观光园数据调查显示，农业观光园游客的平均旅游费用 180 元，以餐饮食宿费用和时间机会成本为主，分别占旅游费用的 38% 和 32%，农业体验开支占 13%。2006 年收支费用构成如图 8-11 所示。

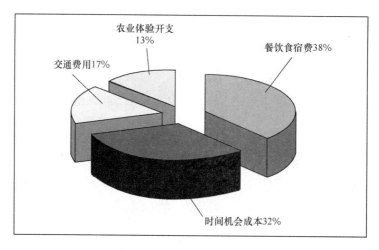

图 8-11　2006 年收支费用构成

2004 年游客旅行费用为农业观光园游客的平均旅游费用 180 元，以餐饮食宿费用和时间机会成本为主，分别占旅游费用的 45% 和 25%，农业体验开支占 20%。表明在交通运输方面还有很大的发展空间。2004 年收支费用构成如图 8-12 所示。

由以上几个年份的对比分析可见，农业体验日趋完善，但仍然处于弱势，需加大投入力度。餐饮业及机会成本为主的农业观光园旅游消费处于强势，并逐年上升，说明从业人员技术完善、意识提高。农业旅游资源已经处于强势增长的主导地位。

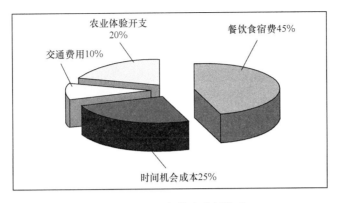

图 8-12　2004 年收支费用构成

（三）旅游费用的影响因素

交通费用和时间机会成本是游客旅游费用的重要组成，因此旅游费用的高低主要取决于通勤距离、游玩时间，同时与游客的经济收入也有密切影响。同时旅游景区的生态环境问题对游客的支付意愿也有很大的影响。绿化面积、空气清新度、农副产品丰富程度、休闲游憩适宜度等也是重要的影响因素。

（四）回归模型

通过 MICOFIT 软件，构造计量经济学模型，得到各年度旅行费用与出游关系方程，从而拟合出游憩需求曲线，估算农地旅游景观价值。

1. 樱桃沟小流域 2008 年统计回归模型

2008 年出游率与旅行费用的关系如图 8-13 所示。可以得到，旅行费用和出游率呈显著的负相关关系，旅行费用越高，出游率越低。以出游率（VZ）为因变量，旅行费用（tc）为自变量，拟合的回归方程为：$VZ = a - btc$。方程的决定系数：$VZ = 493.485\ 3 - 0.804\ 6tc$。方程的决定系数 $R^2 = 0.234\ 94$，$F = 1.4$，显著性水平为 0.033。

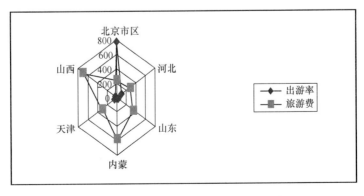

图 8-13　2008 年出游率与旅行费用回归关系

2. 樱桃沟小流域 2006 年统计回归模型

2006 出游率与旅行费用的关系如图 8-14 所示。可以得到，旅行费用和出游率呈显著的负相关关系，旅行费用越高，出游率越低。以出游率（VZ）为因变量，旅行费用（tc）为自变量，拟合的回归方程为：$VZ = a - btc$。方程的决定系数：$VZ = 108.178\ 0 - 0.342\ 26tc$。方程的决定系数 $R^2 = 0.415\ 86$，$F = 1.4$，显著性水平为 0.169。

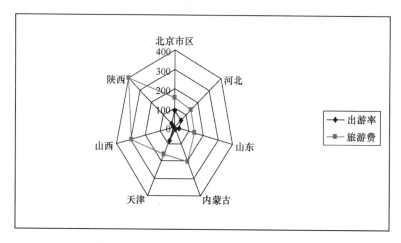

图 8-14　2006 年出游率与旅行费用回归关系

3. 樱桃沟小流域 2004 年统计回归模型

2004 出游率与旅行费用的关系如图 8-15 所示。可以得到，旅行费用和出游率呈显著的负相关关系，旅行费用越高，出游率越低。以出游率（VZ）为因变量，旅行费用（tc）为自变量，拟合的回归方程为：$VZ = a - btc$。方程的决定系数：$VZ = 62.205\ 7 - 0.182\ 62tc$。方程的决定系数 $R^2 = 0.552\ 16$，$F = 4.9$，显著性水平为 0.091。

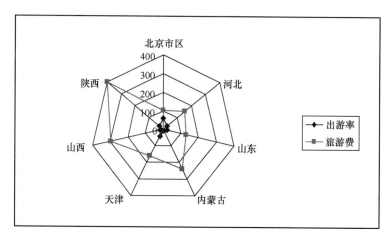

图 8-15　2004 年出游率与旅行费用回归关系

（五）游憩需求曲线

根据拟合的回归方程公式，计算不断追加旅行费用时各小区的出游率及出游人次。所有小区的出游人次和是与追加旅行费用相对应的总出游人次。随着追加旅行费用越来越高，出游率将越来越低，总出游人次越来越少，旅行费用增加到一定数目时，总出游人次降低为 0。根据这个系列对应的数据组，拟合农业观光园客流量与追加旅行费用的函数关系曲线，计算出 2008 年总消费者剩余（Total consumer surplus，T_{CS}）。

$$T_{CS} = \int_0^{800} 454.836\ 5 - 0.291\ 99 tc dtc。$$

农业观光园 2008 年总的消费者剩余为 27 042 400 元，人均消费者剩余（CS）3 004.8 元，约为旅行平均费用的 6 倍；单位用地年均游憩价值 12 219.792 元/hm²，是休闲农业观光园土地经营性收入（8 271 元/hm²）的 1.4 倍。

根据这个系列对应的数据组，拟合和农业观光园客流量与追加旅行费用的函数关系曲线，计算出 2006 年总消费者剩余（T_{CS}）。

$$T_{CS} = \int_0^{800} 237.557\ 7 - 1.215\ 0 tc dtc$$

农业观光园 2006 年总的消费者剩余为 19 875 384 元，人均消费者剩余（CS）4 526.8 元，约为旅行平均费用的 2.8 倍；单位用地年均游憩价值 3 622.1 元/hm²，是休闲农业观光园土地经营性收入（1 890 元/hm²）的 2 倍。

根据这个系列对应的数据组，拟合和农业观光园客流量与追加旅行费用的函数关系曲线，计算出 2004 年总消费者剩余（T_{CS}）。

$$T_{CS} = \int_0^{600} 268.688\ 8 - 3.023\ 5 tc dtc。$$

农业观光园 2004 年总的消费者剩余为 3 833 767.2 元，人均消费者剩余（CS）1 916.8 元，约为旅行平均费用的 1.2 倍；单位用地年均游憩价值 2 243.281 元/hm²，是休闲农业观光园土地经营性收入（1 454 元/hm²）的 1.5 倍。

三、休闲农业景观的存在价值估算

（一）游客支付意愿

研究利用问卷建立假想市场，同时直接询问消费者在休闲农业市场内对农地环境及景观品质改善的最高支付意愿（Willingness To Pay，WTP），推估农地景观数量及品质变化的经济效益，估算农地景观的存在价值。调查表明，2008 年受访游客愿意保护农地的有 161 户，占 65%；不愿意保护农地的有 85 户，占 35%。游客对农业观光园休闲农地景观保护的支付意愿如图 8-16 所示。

2006 年受访游客愿意保护农地的有 120 户，占 60%；不愿意保护农地的有 80 户，占 40%。游客对农业观光园休闲农地景观保护的支付意愿如图 8-17 所示。

2004 年受访游客愿意保护农地的有 55 户，占 55%；不愿意保护农地的有 45 户，占

45%。游客对农业观光园休闲农地景观保护的支付意愿如图8-18所示。

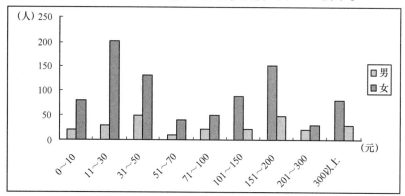

图8-16　2008年度不同性别对农业观光园支付意愿

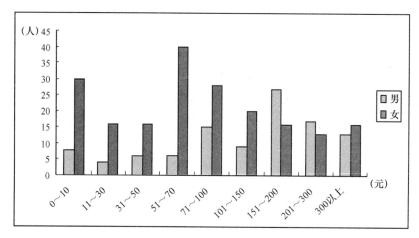

图8-17　2006年度不同性别对农业观光园支付意愿

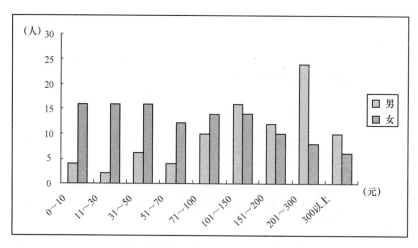

图8-18　2004年度不同性别对农业观光园支付意愿

（二）支付意愿的影响因素

游客对休闲农地保护支付数额（WTP）的高低受其认知意识及社会经济特征的影响。调查表明，受访游客的性别和家庭月收入对其支付数额高低有显著的正向影响。男性游客对农业观光园的支付意愿明显高于女性，收入越高的游客对农地景观的保护意愿越高（表8-1至表8-3）。

表8-1 2008年费用影响因素组成

影响因素	系数	标准差	T比值
通勤距离	1.100 5［0.386］	323.495 1	293.957
游玩时间	259.523 7	0.219 72［0.846］	57.022 7
经济收入	1.763 7［0.220］	212.589	120.536 3
生态环境	−0.579 96［0.621］	−227.249 2	391.834 5
绿化面积	−0.416 62［0.717］	−51.391 6	123.353
空气清新度	−0.708 93［0.552］	−70.712	99.744 4
农副产品丰富度	−0.452 51［0.695］	−74.174 8	163.92
C	−160.420 7	181.454 2	−0.884 08［0.470］

表8-2 2006年费用影响因素组成

变量	系数	标准差	T比值
通勤距离	−0.297 83［0.794］	−89.475 7	300.422 2
游玩时间	−0.223 50［0.844］	−59.279 9	265.231 6
经济收入	123.187 4	0.375 21［0.744］	46.221 7
生态环境	400.452 4	0.444 70［0.700］	178.079 3
绿化面积	126.066 2	0.278 62［0.807］	35.124 6
空气清新度	101.938 1	0.016 937［0.988］	1.726 5
农副产品丰富度	167.525 2	0.124 60［0.912］	20.873 8
C	−75.229 8	185.445 1	−0.405 67［0.724］

表8-3 2004年费用影响因素组成

变量	系数	标准差	T比值
通勤距离	−0.003 432 0［0.998］	−1.213 6	353.606 6
游玩时间	−0.019 764［0.986］	−6.169 9	312.186 1
经济收入	144.995 5	0.338 51［0.767］	49.082 5
生态环境	471.345 3	0.132 32［0.907］	62.368 9
绿化面积	148.384	0.009 683 6［0.993］	1.436 9
空气清新度	119.984 4	0.273 70［0.810］	32.839 8
农副产品丰富度	−0.104 92［0.926］	−20.689 3	197.182 6
C	−86.844 7	218.274 8	−0.397 87［0.729］

（三）农地景观存在价值估算

农地景观存在价值估算用支付数额与游客人数相乘，便可得出农业观光园农地景观的存在价值。2008 年农业观光园的游客流量在 90 000 人次左右，据此可估算出游客对农业观光园的年保护意愿达 125 670 元，单位土地年均保护价值为 56.78 元/hm²。以 2008 年我国商业银行一年存款利率 4.14% 作为还原率，农业观光园的存在价值达 3 035 507.246 元，单位土地的存在价值为 1 371.671 元/hm²。

2006 年农业观光园的游客流量在 50 000 人次左右，据此可估算出游客对农业观光园的年保护意愿达 105 400 元，单位土地年均保护价值为 49.04 元/hm²。以 2006 年我国商业银行一年存款利率 2.25% 作为还原率，农业观光园的存在价值达 4 684 444 元，单位土地的存在价值为 2 179.556 元/hm²。

2004 年农业观光园的游客流量为 20 000 人次左右，据此可估算出游客对农业观光园的年保护意愿达 263 500 元，单位土地年均保护价值为 2 635 元/hm²。以 2004 年我国商业银行一年存款利率 2.25% 作为还原率，农业观光园的存在价值达 1 145 652.174 元，单位土地的存在价值为 1 054.00 元/hm²。

四、樱桃沟小流域生态景观价值与存在价值评估

通过运用旅游成本法和条件价值评估法对休闲农地景观的游憩价值和存在价值分别进行评估。

分析表明，樱桃沟小流域 2008 年总的消费者剩余在 2 704.24 万元，人均消费者剩余（CS）3 004.8 元，约为旅行平均费用的 6 倍。单位用地年均游憩价值 12 219.792 元/hm²。应用 CVM 估算出游客对休闲农业所提供的精神享受的最高支付意愿，评估出休闲农地景观的存在价值。从游客支付意愿出发，樱桃沟每年的保护价值达 125 670 元，农地年均保护价值为 12 219.792 元/亩。以 2008 年我国商业银行一年存款利率 4.142% 作为还原率，樱桃沟农家休闲项目的收益价值为 3 035 507.246 元，单位土地的存在价值为 1 371.670 694 元/hm²。相对传统农业而言，休闲农业产生的游憩价值是传统种植业收益（4 628.10 元/hm²）的 2.64 倍，单位保存价值是农地单位净收益的 8.27 倍。

樱桃沟小流域 2006 年总的消费者剩余为 1 987.538 万元，人均消费者剩余（CS）4 526.8 元，约为旅行平均费用的 2.8 倍。单位用地年均游憩价值 3 622.1 元/hm²。应用 CVM 估算出游客对休闲农业所提供的精神享受的最高支付意愿，评估出休闲农地景观的存在价值。从游客支付意愿出发，樱桃沟每年的保护价值达 105 400 元，农地年均保护价值为 4 904 元/每亩。以 2006 年我国商业银行一年存款利率 2.25% 作为还原率，樱桃沟农家休闲项目的收益价值为 4 684 444 元，单位土地的存在价值为 2 179.55 元/hm²。

樱桃沟小流域 2004 年总的消费者剩余在 383.377 万元，人均消费者剩余（Consumer-Surplus，CS）1 916.8 元，约为旅行平均费用的 1.2 倍。单位用地年均游憩价值 2 243.281 元/hm²，是休闲农业观光园土地经营性收入 1 454 元/hm² 的 1.5 倍。应用 CVM 估算出游客对休闲农业所提供的精神享受的最高支付意愿，评估出休闲农地景观的存在价值。2004 年农业观光园的游客流量为 20 000 人次左右，从游客支付意愿出发，据此可估算出游客对

农业观光园的年保护意愿达 263 500 元, 单位土地年均保护价值为 2 635 元/hm²。以 2004 年我国商业银行一年存款利率 2.25% 作为还原率, 樱桃沟农家休闲项目的收益价值为 114.57 万元, 单位土地的存在价值为 105 400 元/hm²。

樱桃沟每年的保护价值达 125 670 元, 农地年均保护价值为 2 635 元/hm²。以 2004 年我国商业银行一年存款利率 2.25% 作为还原率, 农业观光园的存在价值达 1 145 652.17 元, 单位土地的存在价值为 105 400 元/hm²。

各年度消费及收益比较走势如图 8-19 所示。从中可以看出, 农业观光园创造价值呈逐年上升趋势, 且平均年休憩价值表现最为明显。

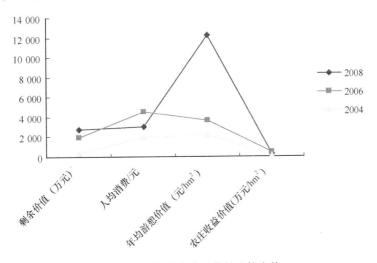

图 8-19　各年度消费及收益比较走势

基于旅游需求曲线和消费者的意愿偏好给出休闲农地旅游的社会收益, 对休闲农业的非市场价值进行较为全面的评估, 是确定休闲农业资源最优利用规模的一个基础, 为促进都市休闲农业的可持续利用及管理提供科学依据。

第三节　结　论

本研究利用回归模型对樱桃沟小流域的旅游资源系统进行分析, 得出以下结论。

（1）樱桃沟小流域的客源中以北京地区游客为主, 2004 年、2006 年和 2008 年 3 年北京市游客所占比重的平均值为 66%。

（2）分析 3 年的费用组成, 餐饮食宿费和时间机会成本费占了较大比重, 平均值为 71%。通勤距离、游玩时间和游客的经济收入是影响旅游费用的重要因素。

（3）2004 年、2006 年和 2008 年 3 年的农业观光园的存在价值为 295.52 万元, 土地的存在价值为 1 535.08 元/hm²。樱桃沟小流域农户收益价值、景观存在价值、农地年均保护价值均逐渐升高, 游憩价值与传统种植业价值的比例变化也逐年扩大, 净收益增幅很大。

第九章 樱桃沟小流域生态涵养可持续性评价

第一节 评价指标体系的构建

一、建立评价指标体系的原则

可持续发展水平的实际测度是一个多侧面、多层次的复杂问题。因此，可持续发展指标体系也必然是一个由多方面指标组成的复杂体系，其中每一类、每一个指标都具有不同的性质、特点，说明不同的问题，它们之间又相互关联，从而使得整个指标具有多方面的评价和分析功能。

指标应该能够适当地反映出各地区在经济、社会、人口、资源、环境生态和科技教育等方面的基本状况，并能满足不同时期和不同地区对比分析的需要（余敦 等，2009）。为了保证该指标体系的合理性，在制定过程中必须遵循一些基本原则。主要考虑以下几个原则。

（一）科学性原则

可持续发展指标的选择和设计必须以可持续发展理论、经济理论、环境生态理论以及统计理论为依据。这样的指标具有较好的稳定性，也容易为人们所接受。

（二）综合性原则

应当广泛考虑各种可能影响到小流域可持续发展水平的因素，尽可能将那些较为重要的影响因素适当地引入该指标体系之中，并将其分门别类、划分层次，便于分析研究。为此，这些指标要有很强的集成能力，仅使用少量指标就能反映评价对象的综合发展水平。

（三）代表性原则

入选的指标应该能够较好地说明可持续发展问题，不考虑与可持续发展无关或关系不大的因素；并且，对于每一类影响到经济社会持续发展水平的因素，应当从中筛选适当数量的代表性因素进行研究。

（四）可操作性原则

本文选择的可持续发展指标有些是直接从统计年鉴上获得的，有些是基于统计年鉴经处理获得的，所以具有实际可操作性。

（五）时间序列数据

指标必须是可以使用时间序列数据表示的，这样才能够反映一定时间内的变化趋势。如果所收集的指标数据只有一两个数据点，那么就不可能对将来的发展趋势做合理的预测。

（六）可比性原则

也即该指标体系应该适当考虑到不同时期的动态对比的要求，以保证该指标体系发挥应有的作用。小流域可持续发展指标体系当然应该具有一些不同于国家、地区级可持续发展指标体系的特点，但若过于强调小流域的特殊性，就会影响小流域间的可比性（刘忠民等，2005）。

不同的小流域在可持续发展的资源条件（尤其是自然资源条件）方面，通常构成不同，差异很大，难以对比。因而，一些有关的项目在指标体系中只能舍弃。此外，考虑到历史资料的搜集、对比和可持续发展的未来趋势，制定指标体系时还需瞻前顾后，使得该指标体系具有较好的包容性和可比性，以利于实际的分析应用。

同时，关于可持续发展指标体系问题的研究，本身也是一个不断完善、不断发展的过程。这不仅因为研究方法需要逐步完善，而且因为随着社会经济条件的变化，往往会不断产生和提出一些新的发展问题，从而要求可持续发展指标体系能够给以适当反映。就这一点来说，倘若追求使该指标体系尽善尽美，成为一种绝对全面、客观的测度，那将是不现实的，也是无益的；倒不如把它作为考察和分析现实发展中可能存在的问题的有用工具，这样也许不失为一种更为可取的出发点（刘忠民等，2005）。

二、评价指标体系的设计

研究对象不同，指标体系也不同。但不同层次目标的协调性和具体指标的可量化性则是共同的。就小流域可持续发展系统来讲，一般将指标体系分成三个层次：第一层为系统总目标，它是系统发展远景的概括描述；第二层为社会效益、经济效益和生态效益三个分目标；第三层目标又叫具体指标。当指标体系确定以后，就要考虑不同发展时段的要求，远近结合，以近为主。在系统运行过程中要根据系统实现目标的情况调整，及时反馈信息，以确保系统高效率运行。

根据指标体系的选取原则，参照樱桃沟小流域的具体情况，特提出樱桃沟小流域可持续发展的指标体系，即将小流域可持续发展的指标分为三个层次：目标层、分目标层和具体指标层。目标层即为小流域的生态涵养可持续发展度，分目标层包括生态涵养能力、经济发展能力和社会发展能力，具体指标层包括人均水资源量、人均林地、人口密度、人口自然增长率、人均抚养系数等。

（一）选择发展评价指标的标准

当指标体系明确下来以后，就要对各项指标进行量化研究，最终给出指标集。为此对未来不同时段的各项指标值进行测度、评估和计算。并在此基础上把各项指标确定下来。选取指标的标准如下。

1. 代表一个重要的可持续发展问题；指标应是用来在小流域范围内衡量某一问题。

2. 指标要很容易为普通公众所明白和理解。

3. 它需要依据已有的数据建立，便于定量研究。

4. 反映有可能使现代人和后代人付出重大代价或为其带来重大利益的问题。

（二）评价指标体系的构成

樱桃沟小流域生态涵养可持续发展评价指标体系见表9-1。

表9-1　樱桃沟小流域生态涵养可持续发展评价指标体系

目标层	分目标层	具体指标层
樱桃沟小流域生态涵养可持续发展度	生态涵养能力 B_1	C_1 人均林地
		C_2 人均水资源量
		C_3 生物多样性
		C_4 土壤侵蚀模数
		C_5 绿地新增面积
		C_6 植被保护水资源价值
		C_7 植被保育土壤价值
		C_8 植被固碳制氧价值
	社会发展能力 B_2	C_9 人口密度
		C_{10} 人口自然增长率
		C_{11} 社会稳定指数
		C_{12} 社会潜在效能
	经济发展能力 B_3	C_{13} 非农比重
		C_{14} 人均 GDP
		C_{15} 人均抚养系数
		C_{16} 旅游价值
		C_{17} 万元 GDP 用水量

（三）各指标的意义及解释

1. 人均林地（C_1）

$$人均林地 = 林地总面积/小流域总人口数（hm^2/人）$$

选取这一指标的目的是要反映地区森林资源的人均占有量。在山区，森林不仅是重要的自然资源，而且也是农民赖以生存的经济资源。

2. 人均水资源量（C_2）

人均水资源量即人均占有可利用水资源总量的大小，反映了区域水资源的丰富度。
$$人均水资源量 = 水资源可利用总量/人口总数$$

3. 生物多样性（C_3）

生物多样性是反映群落内部物种和物种相对多度的指标，本指标数据来源于樱桃沟小流域中受人为干扰的龙凤岭矿区中的永久样地，反映了环境在遭受破坏后的恢复程度。

4. 土壤侵蚀模数（C_4）

土壤侵蚀模数为每年每平方公里土地上土壤的流失量，它反映一个地区土壤的侵蚀量的大小，是生态环境的最直接、最重要的指标。本文选用的是修复矿山的土壤侵蚀模数，反映受人为干扰严重地带的生态环境的恢复情况。

$$土壤侵蚀模数 = 年土壤侵蚀总质量 / 小流域面积（t/km^2 \cdot a）$$

5. 人口密度（C_9）

人口密度为单位面积土地上人口总数的多少，即：

$$人口密度 = 小流域人口总数 / 小流域土地面积（人/km^2）$$

这是一个重要指标，可直接反映一个地区的拥挤程度，其指数大小直接影响人均资源占有量，并间接影响社会各方面的发展。

6. 人口自然增长率（C_{10}）

人口自然增长率反映一个地区人口增长的指标，因迁移量小，此值可直接反映该地区人口的动态变化。

$$人口自然增长率 = （本年出生人数 - 本年死亡人数）/ 年平均总人口数 \times 100\%$$

7. 社会稳定指数（C_{11}）

社会稳定指数反映了社会的稳定程度，由通胀、失业率、贫富差距、城乡贫困率等指标组成。数据来源于针对社会稳定所做的调查问卷。

8. 社会潜在效能（C_{12}）

社会潜在效能指数反映劳动者受教育能力情况，受教育程度越高，对社会的贡献相对越大，也即社会潜在的发展前景越大。

$$社会潜在效能 = 劳动者文盲人口比例 \times 0 + 劳动者小学程度人口比例 \times 3 +$$
$$劳动者中学程度人口比例 \times 6 + 劳动者大学程度以上人口比例 \times 10$$

9. 非农比重（C_{13}）

$$非农比重 = 非农业总产值 / 农村社会总产值 \times 100\%$$

农村社会总产值由农业产值、非农业产值构成，客观上反映了农村二、三产业的发展程度和趋势。农村社会总产值是农业总产值、农业建筑总产值、农村工业总产值、运输业总产值、商业和饮食业总产值的合称。非农比重是指除农业产值外，其他农村产值占整个农村社会总产值的比重。大力发展以农副产品为原料的高附加值的加工业和其他非农产业，不但可以有效地提高经济积累，尽快脱贫致富，同时也有利于大量剩余劳动力的转移，减轻人口对土地以及其他自然资源和环境的压力。

10. 人均 GDP（C_{14}）

$$人均 GDP = 小流域 GDP / 小流域总人口数 \times 100\%$$

GDP 是按市场价格计算的国民生产总值的简称，它是一个国家或地区在一定时期内收入初步分配的最终结果。从总体上反映了某一地区的经济实力，是衡量经济富强度的首选目标。

11. 人均抚养系数（C_{15}）

人均抚养系数＝小流域被抚养人口/小流域社会劳动人口

它反映了一个地区家庭或劳动力的抚养负担情况，其中社会劳动人口指劳动年龄内和在正常情况下具有劳动能力，实际参加社会劳动的人口数。

第二节　樱桃沟小流域生态涵养发展综合评价

小流域可持续发展评价的目的是为了实现小流域可持续发展的目标。依据可持续发展理论，运用科学的方法和手段来评价小流域可持续发展的状况、实现的程度和取得的实际效果，可以客观分析小流域可持续发展的原因和状况，提出实现小流域可持续发展的方案，为指导小流域可持续发展提供决策依据。对小流域可持续发展评价是可持续发展从理论阶段进入到可操作阶段的前提和关键。

通过小流域可持续发展评价，可以全面反映小流域自然－经济－社会复合生态系统的现状、变化趋势和变化程度，从中发现阻碍和影响小流域可持续发展的不利环节和限制因素，寻找原因，在推进可持续发展的进程中提供科学的信息支持。本次选用层次－主成分分析法来评价樱桃沟小流域的可持续发展水平。

一、原始数据的收集与处理

本论文的数据主要来源于门头沟区 2003 ~ 2008 年的《北京市门头沟区统计年鉴》（北京市门头沟区地方志编纂委员会，2003 ~ 2008）和对樱桃沟小流域所作的实地调查，以及妙峰山镇提供的各种数据报表。

本文选取了 17 个反映樱桃沟小流域生态涵养发展指标的原始数据，统计结果见表 9-2。

表 9-2　樱桃沟小流域 2003 ~ 2008 年可持续发展指标原始数据

		2003 年	2004 年	2005 年	2006 年	2007 年	2008 年
人均林地（km²/人）	X_1	0. 100 2	0. 099 2	0. 110 3	0. 126 3	0. 130 5	0. 133 2
人均水资源量（m³/人）	X_2	611. 13	592. 96	647. 16	691. 68	709. 31	721. 28
生物多样性	X_3	0	0. 362	0. 892	0. 923	0. 915	0. 866
土壤侵蚀模数（t/km²·a）	X_4	2 800	1 200	800	600	400	300
绿地新增面积（m²）	X_5	1 500	3 300	22 906	44 300	61 040	68 000
植被保护水资源价值（万元）	X_6	65. 19	66. 49	67. 76	72. 59	73. 12	73. 39
植被保育土壤价值（万元）	X_7	80. 41	82. 02	83. 57	89. 55	90. 24	90. 54
植被固碳制氧价值（万元）	X_8	28. 97	29. 6	30. 18	32. 51	32. 77	32. 89
人口密度（人/km²）	X_9	40. 065	41. 293	37. 84	35. 4	34. 52	33. 947
人口自然增长率（%）	X_{10}	2. 346	3. 064	－ 8. 375	－ 6. 436	－ 2. 486	－ 1. 66
社会稳定指数	X_{11}	239. 62	216. 54	203. 92	206. 34	208. 95	210. 35

（续）

		2003 年	2004 年	2005 年	2006 年	2007 年	2008 年
社会潜在效能	X_{12}	5.43	5.71	5.54	5.48	5.62	5.68
非农比重（%）	X_{13}	97.58	97.62	97.7	97.81	98.5	97.29
人均 GDP（万元）	X_{14}	45 688.46	51 496.53	62 785.29	73 450.87	101 523.4	75 449.07
人均抚养系数（人/人）	X_{15}	0.494	0.406	0.513	0.545	0.536	0.526
旅游价值（万元）	X_{16}	194.67	383.38	968.83	1 987.54	2 261.94	2 704.24
万元 GDP 用水量（m^3/万元）	X_{17}	90	88	87	86	72	49

其中，由于土壤侵蚀模数、人口密度、人口自然增长率、人均抚养系数和万元 GDP 用水量是逆向指标，为评价分析方便，需要将其转化为正向指标，用指标值的倒数代替原指标即可，经转化后的原始数据见表 9-3。

表 9-3　樱桃沟小流域 2003~2008 年可持续发展指标原始数据转化

		2003 年	2004 年	2005 年	2006 年	2007 年	2008 年
人均林地（km^2/人）	X_1	0.100 2	0.099 2	0.110 3	0.126 3	0.130 5	0.133 2
人均水资源量（m^3/人）	X_2	611.13	592.96	647.16	691.68	709.31	721.28
生物多样性	X_3	0	0.362	0.892	0.923	0.915	0.866
土壤侵蚀模数（t/km^2·a）	X_4	0.000 4	0.000 8	0.001 3	0.001 7	0.002 5	0.003 3
绿地新增面积（m^2）	X_5	1 500	3 300	22 906	44 300	61 040	68 000
植被保护水资源价值（万元）	X_6	65.19	66.49	67.76	72.59	73.12	73.39
植被保育土壤价值（万元）	X_7	80.41	82.02	83.57	89.55	90.24	90.54
植被固碳制氧价值（万元）	X_8	28.97	29.6	30.18	32.51	32.77	32.89
人口密度（人/km^2）	X_9	0.025	0.024	0.026	0.028	0.029	0.03
人口自然增长率（%）	X_{10}	0.426	0.326	−0.119	−0.155	−0.402	−0.602
社会稳定指数	X_{11}	239.62	216.54	203.92	206.34	208.95	210.35
社会潜在效能	X_{12}	5.43	5.71	5.54	5.48	5.62	5.68
非农比重（%）	X_{13}	97.58	97.62	97.7	97.81	98.5	97.29
人均 GDP（万元）	X_{14}	45 688.46	51 496.53	62 785.29	73 450.87	101 523.4	75 449.07
人均抚养系数（人/人）	X_{15}	2.024	2.463	1.949	1.835	1.866	1.901
旅游价值（万元）	X_{16}	194.67	383.38	968.83	1 987.54	2 261.94	2 704.24
万元 GDP 用水量（m^3/万元）	X_{17}	0.011 1	0.011 3	0.011 5	0.011 6	0.013 9	0.020 4

二、综合评价值的计算

（一）用层次分析法求指标权重

1. 建立判断矩阵

用专家分析法建立判断矩阵。

判断矩阵是以矩阵形式表述的每层次中指标的相对重要情况，采用的是相对标度的打分方法，这种方法充分利用了打分专家的经验和判断能力。

在递阶层次结构下，根据所规定的相对标度——比例标度，依靠决策者的判断，对同一层次有关因素的相对重要性进行了两两比较，并按层次从上到下合成方案对于决策目标的测度。这个测度的最终结果是以方案的相对重要性的权重表示。

如 A-B 判断矩阵（表9-5）。

表9-4 A-B 判断矩阵

A	B_1	B_2	B_3
B_1	B_{11}	B_{12}	B_{13}
B_2	B_{21}	B_{22}	B_{23}
B_3	B_{31}	B_{32}	B_{33}

其中 B_{ij} 表示 B_i 与 B_j 相比较，对 A 而言 B 的相对重要值。B_{ij} 的取值采用 1～9 标度记分法。其中 B_{ij} 的数值一般由若干熟悉可持续发展的专家评定。

2. 用层次法求出 C 层的指标权重

应用 AHP 法对各判断矩阵的指标确定权重。即将一个复杂的被评价系统，按照其内在的逻辑关系，以评价指标为代表构成一个有序的层次结构，然后针对每层的指标，运用专家的打分，对同一层次进行两两比较对比，综合后计算出指标权重（表9-5 至表9-8）。

表9-5 B 层对 A 层建立的判断矩阵与排序结果及一致性检验

A	B_1	B_2	B_3	权重 W_{Bi}	一致性检验
B_1	1	3.00	3.001	0.595	$\lambda\max = 3.045$
B_2	0.33	1	1.89	0.245	$CI = 0.023$
B_3	0.33	0.53	1	0.160	$CR = CI/RI = 0.039 < 0.1$

表9-6 C_1～C_8 层对 B_1 层建立的判断矩阵与排序结果及一致性检验

B_1	C_1	C_2	C_3	C_4	C_5	C_6	C_7	C_8	权重 W_{Ci}	一致性检验
C_1	1	1.44	1.83	1.94	1.50	3.00	2.67	3.33	0.205	$\lambda\max = 8.490$
C_2	0.69	1	1.44	1.78	2.17	2.73	2.78	3.11	0.185	$CI = 0.070$
C_3	0.55	0.69	1	1.4	2.75	3	3	3.00	0.167	
C_4	0.52	0.56	0.71	1	1.83	4.00	4.00	6.33	0.167	
C_5	0.67	0.46	0.36	0.55	1	5.00	5.00	3.67	0.131	$CR = CI/RI$
C_6	0.33	0.37	0.33	0.25	0.2	1.56	1.33	0.053	$= 0.050 < 0.1$
C_7	0.37	0.36	0.33	0.25	0.2	0.64	1	1.33	0.048	
C_8	0.30	0.32	0.33	0.16	0.27	0.75	0.75	1	0.043	

表9-7 C_9～C_{12} 层对 B_2 层建立的判断矩阵与排序结果及一致性检验

B_2	C_9	C_{10}	C_{11}	C_{12}	权重 W_{Ci}	一致性检验
C_9	1	2.17	2.67	2.44	0.442	$\lambda\max = 4.182$
C_{10}	0.46	1	1.78	1.17	0.225	$CI = 0.061$
C_{11}	0.37	0.56	1	2.5	0.193	$CR = CI/RI$
C_{12}	0.41	0.85	0.40	1	0.139	$= 0.067 < 0.1$

表 9-8　$C_{13} \sim C_{17}$ 层对 B_3 层建立的判断矩阵与排序结果及一致性检验

B_3	C_{13}	C_{14}	C_{15}	C_{16}	C_{17}	权重 W_{Ci}	一致性检验
C_{13}	1	1.83	2.00	3.33	3.00	0.395	$\lambda \max = 5.363$
C_{14}	0.55	1	2.17	3.33	2.67	0.290	$CI = 0.091$
C_{15}	0.50	0.46	1	3.00	1.50	0.162	
C_{16}	0.30	0.30	0.33	1	2.44	0.083	$CR = CI/RI$
C_{17}	0.33	0.37	0.67	0.41	1	0.068	$= 0.081 < 0.1$

　　一个混乱的经不起推敲的判断矩阵有可能导致决策的失误，为了增强近似估计的可靠程度，需要对判断矩阵的一致性进行检验。不但要进行单排序的一致性检验，也要进行总排序的一致性检验，检验结果见表 9-9。

表 9-9　层次 C 总排序结果及一致性检验

层次 C	B_1	B_2	B_3	层次 C 权重
	0.595	0.245	0.16	
C_1	0.205	0	0	0.122
C_2	0.185	0	0	0.110
C_3	0.167	0	0	0.099
C_4	0.167	0	0	0.099
C_5	0.131	0	0	0.078
C_6	0.053	0	0	0.032
C_7	0.048	0	0	0.029
C_8	0.043	0	0	0.026
C_9	0	0.442	0	0.108
C_{10}	0	0.225	0	0.055
C_{11}	0	0.193	0	0.047
C_{12}	0	0.139	0	0.034
C_{13}	0	0	0.395	0.063
C_{14}	0	0	0.29	0.046
C_{15}	0	0	0.162	0.026
C_{16}	0	0	0.083	0.013
C_{17}	0	0	0.068	0.011

　　经分析，此判断矩阵符合一致性检验要求，参差排列有效（表 9-10）。

表 9-10　小流域生态涵养可持续发展指标体系各指标相对上层指标的权重

目标层	分目标层 B 权重 W_{Bi}	指标层 C 权重 W_{Ci}
		$WC_1 = 0.122$
		$WC_2 = 0.110$
		$WC_3 = 0.099$
		$WC_4 = 0.099$
A	$WB_1 = 0.595$	$WC_5 = 0.078$
		$WC_6 = 0.032$
		$WC_7 = 0.029$
		$WC_8 = 0.026$

（续）

目标层	分目标层 B 权重 W_{Bi}	指标层 C 权重 W_{Ci}
A	$WB_2 = 0.245$	$WC_9 = 0.108$
		$WC_{10} = 0.055$
		$WC_{11} = 0.047$
		$WC_{12} = 0.034$
	$WB_3 = 0.160$	$WC_{13} = 0.063$
		$WC_{14} = 0.046$
		$WC_{15} = 0.026$
		$WC_{16} = 0.013$
		$WC_{17} = 0.011$

（二）用主成分分析法评价小流域的可持续发展水平

1. 原始数据标准化

指标数值标准化处理通常采用数据变化处理的方法，本文采用如下方法进行标准化处理：

$$X_1' = \frac{Xij - \overline{Xj}}{\sqrt{Var(Xj)}}(j = 1,2,\cdots\cdots,n; j = 1,2,\cdots\cdots p)$$

式中：$\overline{Xi} = \dfrac{1}{n}\sum\limits_{j=1}^{n} Xij$ 为指标的平均值

$Var(Xj) = \dfrac{1}{n}\sum\limits_{j=1}^{n}(Xij - \overline{X})^2 (j = 1,2,\cdots\cdots p)$ 为指标的方差

将表 9-2 中的原始数据利用上述公式，进行标准化处理，可得到 2003～2008 年樱桃沟小流域可持续发展指标的标准化数据（表 9-11）。

表 9-11　樱桃沟小流域 2003～2008 年可持续发展标准化数据表

	2003 年	2004 年	2005 年	2006 年	2007 年	2008 年
X_1	-0.479 08	-0.508 26	-0.184 34	0.282 567	0.405 13	0.483 921
X_2	-0.428 91	-0.581 35	-0.126 63	0.246 879	0.394 789	0.495 212
X_3	-0.759 26	-0.342 61	0.267 411	0.303 091	0.293 883	0.237 485
X_4	-0.523 77	-0.358 41	-0.151 72	0.013 642	0.344 357	0.675 072
X_5	-0.499 05	-0.470 98	-0.165 3	0.168 269	0.429 271	0.537 788
X_6	-0.553 57	-0.395 99	-0.242 04	0.343 458	0.407 704	0.440 434
X_7	-0.553 09	-0.395 35	-0.243 48	0.342 438	0.410 044	0.439 438
X_8	-0.552 83	-0.393 31	-0.246 45	0.343 518	0.409 351	0.439 736
X_9	-0.377 93	-0.566 89	-0.188 96	0.188 964	0.377 929	0.566 893
X_{10}	0.572 929	0.461 393	-0.034 94	-0.075 1	-0.350 59	-0.573 67
X_{11}	0.863 131	0.076 772	-0.353 2	-0.270 75	-0.181 83	-0.134 13
X_{12}	-0.586 51	0.533 189	-0.146 63	-0.386 56	0.173 286	0.413 221
X_{13}	-0.187 05	-0.143 04	-0.055 01	0.066 018	0.825 223	-0.506 14

（续）

	2003 年	2004 年	2005 年	2006 年	2007 年	2008 年
X_{14}	− 0.507 13	− 0.377 44	− 0.125 36	0.112 812	0.739 683	0.157 432
X_{15}	0.033 857	0.875 156	− 0.109 87	− 0.328 34	− 0.268 93	− 0.201 86
X_{16}	− 0.523 02	− 0.442 26	− 0.191 7	0.244 274	0.361 709	0.551 001
X_{17}	− 0.271 34	− 0.246 67	− 0.222	− 0.209 67	0.074 001	0.875 678

2. 对小流域的标准化数据进行加权处理

为了既考虑各年的综合评价结果，又考虑各指标间重要程度的差异，对标准化矩阵进行加权处理。如前所述，采用层次分析法确定各评价指标的权重为 W_D，$Xi^* = W_{Di}Xi$（$i = 1，2，3，4\cdots\cdots$）。具体结果见表 9-12。

表 9-12 樱桃沟小流域 2003 ~ 2008 年可持续发展水平评价加权标准化数据表

	2003 年	2004 年	2005 年	2006 年	2007 年	2008 年
X_1	− 0.058 45	− 0.062 01	− 0.022 49	0.034 473	0.049 426	0.059 038
X_2	− 0.047 18	− 0.063 95	− 0.013 93	0.027 157	0.043 427	0.054 473
X_3	− 0.075 17	− 0.033 92	0.026 474	0.030 006	0.029 094	0.023 511
X_4	− 0.051 85	− 0.035 48	− 0.015 02	0.001 351	0.034 091	0.066 832
X_5	− 0.038 93	− 0.036 74	− 0.012 89	0.013 125	0.033 483	0.041 947
X_6	− 0.017 71	− 0.012 67	− 0.007 75	0.010 991	0.013 047	0.014 094
X_7	− 0.016 04	− 0.011 47	− 0.007 06	0.009 931	0.011 891	0.012 744
X_8	− 0.014 37	− 0.010 23	− 0.006 41	0.008 931	0.010 643	0.011 433
X_9	− 0.040 82	− 0.061 22	− 0.020 41	0.020 408	0.040 816	0.061 224
X_{10}	0.031 511	0.025 377	− 0.001 92	− 0.004 13	− 0.019 28	− 0.031 55
X_{11}	0.040 567	0.003 608	− 0.016 6	− 0.012 73	− 0.008 53	− 0.006 3
X_{12}	− 0.019 94	0.018 128	− 0.004 99	− 0.013 14	0.005 892	0.014 05
X_{13}	− 0.011 78	− 0.009 01	− 0.003 47	0.004 159	0.051 989	− 0.031 89
X_{14}	− 0.023 33	− 0.017 36	− 0.005 77	0.005 189	0.034 025	0.007 242
X_{15}	0.000 88	0.022 754	− 0.002 86	− 0.008 54	− 0.006 99	− 0.005 25
X_{16}	− 0.006 8	− 0.005 75	− 0.002 49	0.003 176	0.004 702	0.007 163
X_{17}	− 0.002 98	− 0.002 71	− 0.002 44	− 0.002 31	0.000 814	0.009 632

3. 计算样本相关系数矩阵

在用统计方法研究多变量问题时，变量太多会增加计算量和增加分析问题的复杂性，如果在进行定量分析的过程中涉及的变量较少，而又能得到更多的信息量是最好的方法。主成分分析法是解决这一问题的理想工具。因为可持续发展问题涉及的众多变量之间既然有一定的相关性，就必然存在着起支配作用的共同因素，根据这一点，通过对原始变量相关矩阵内部结构关系的研究，找出影响可持续发展的几个综合指标，使综合指标为原来变量的线性组合。综合指标不仅保留了原始变量的主要信息，彼此之间又不相关，又比原始变量具有某些更优越的性质，使得在研究复杂的经济问题时更容易找出问题的关键。

利用 SPSS 软件，对经加权标准化处理后的样本数据求相关系数矩阵，结果见表 9-13。

表 9-13 经加权标准化处理后的 17 项指标的相关矩阵表

	X_1^*	X_2^*	X_3^*	X_4^*	X_5^*	X_6^*	X_7^*	X_8^*	X_9^*	X_{10}^*	X_{11}^*	X_{12}^*	X_{13}^*	X_{14}^*	X_{15}^*	X_{16}^*	X_{17}^*
X_1	1.000	0.994	0.808	0.931	0.991	0.987	0.986	0.986	0.985	-0.943	-0.602	0.198	0.281	0.866	-0.739	0.992	0.691
X_2	0.994	1.000	0.799	0.926	0.986	0.963	0.962	0.961	0.992	-0.951	-0.575	0.138	0.262	0.851	-0.796	0.981	0.699
X_3	0.808	0.799	1.000	0.746	0.801	0.820	0.818	0.818	0.733	-0.864	-0.943	0.255	0.319	0.769	-0.581	0.808	0.399
X_4	0.931	0.926	0.746	1.000	0.968	0.820	0.818	0.818	0.945	-0.969	-0.583	0.471	0.101	0.782	-0.547	0.962	0.878
X_5	0.991	0.986	0.801	0.968	1.000	0.973	0.973	0.972	0.986	-0.969	-0.604	0.298	0.264	0.873	-0.689	0.993	0.756
X_6	0.987	0.963	0.820	0.820	0.973	1.000	1.000	1.000	0.948	-0.913	-0.649	0.268	0.309	0.870	-0.650	0.985	0.646
X_7	0.986	0.962	0.818	0.818	0.973	1.000	1.000	1.000	0.948	-0.912	-0.646	0.269	0.313	0.872	-0.649	0.985	0.645
X_8	0.986	0.961	0.818	0.818	0.972	1.000	1.000	1.000	0.947	-0.911	-0.647	0.272	0.311	0.870	-0.645	0.985	0.645
X_9	0.985	0.992	0.733	0.945	0.986	0.948	0.948	0.947	1.000	-0.944	-0.498	0.174	0.200	0.820	-0.765	0.979	0.769
X_{10}	-0.943	-0.951	-0.864	-0.969	-0.969	-0.913	-0.912	-0.911	-0.944	1.000	0.702	-0.354	-0.175	-0.818	0.661	-0.958	-0.776
X_{11}	-0.602	-0.575	-0.943	-0.583	-0.604	-0.649	-0.646	-0.647	-0.498	0.702	1.000	-0.396	-0.252	-0.607	0.300	-0.623	-0.252
X_{12}	0.198	0.138	0.255	0.471	0.298	0.268	0.269	0.272	0.174	-0.354	-0.396	1.000	-0.049	0.263	0.460	0.297	0.517
X_{13}	0.281	0.262	0.319	0.101	0.264	0.309	0.313	0.311	0.200	-0.175	-0.252	-0.049	1.000	0.694	-0.268	0.206	-0.299
X_{14}	0.866	0.851	0.769	0.782	0.873	0.870	0.872	0.870	0.820	-0.818	-0.607	0.263	0.694	1.000	-0.602	0.837	0.427
X_{15}	-0.739	-0.796	-0.581	-0.547	-0.689	-0.650	-0.649	-0.645	-0.765	0.661	0.300	0.460	-0.268	-0.602	1.000	-0.669	-0.327
X_{16}	0.992	0.981	0.808	0.962	0.993	0.985	0.985	0.985	0.979	-0.958	-0.623	0.297	0.206	0.837	-0.669	1.000	0.753
X_{17}	0.691	0.699	0.399	0.878	0.756	0.646	0.645	0.645	0.769	-0.776	-0.252	0.517	-0.299	0.427	-0.327	0.753	1.000

4. 计算样本相关矩阵的特征值、特征向量及方差贡献率

本文运用SPSS13.0统计软件对上述指标进行处理，并用方差最大法正交旋转（旋转收敛的最大迭代系数为25），选出3个主成分。

处理结果见表9-14，表9-15。

表 9-14　相关系数阵的特征根和方差贡献率

主成分	特征根	贡献率（%）	累积贡献率（%）	第一向量	第二向量	第三向量
1	0.014	85.285	85.285	6.655 73	13.014 91	15.936 02
2	0.001	6.742	92.027	6.795 37	12.363 26	15.587 40
3	0.001	4.956	96.982	2.742 82	25.090 68	15.879 71
4	0.000	2.530	99.512	6.951 09	15.151 31	7.570 24
5	0.000	0.488	100.000	6.763 05	13.660 63	14.494 01
6	0.000	0.000	100.000	6.151 42	14.293 47	16.426 13
7	0.000	0.000	100.000	6.152 49	14.163 80	16.558 02
8	0.000	0.000	100.000	6.144 48	14.230 70	16.462 50
9	0.000	0.000	100.000	7.352 64	10.520 44	13.152 43
10	0.000	0.000	100.000	-6.144 28	-18.274 60	-10.992 70
11	(0.000)	(0.000)	100.000	-0.527 33	-28.648 80	-11.431 10
12	(0.000)	(0.000)	100.000	1.106 44	14.737 03	-6.762 69
13	(0.000)	(0.000)	100.000	-1.331 31	-1.393 37	34.113 93
14	(0.000)	(0.000)	100.000	4.160 07	10.787 26	27.234 98
15	(0.000)	(0.000)	100.000	-5.095 96	-3.477 26	-17.639 80
16	(0.000)	(0.000)	100.000	6.773 73	14.585 11	12.840 41
17	(0.000)	(0.000)	100.000	7.498 35	9.032 06	-7.792 32

表 9-15　因子负荷矩阵

指标变量	主成分		
	1	2	3
$X_1{}^*$	0.778 9	0.428 3	0.449 6
$X_2{}^*$	0.795 2	0.406 9	0.439 8
$X_3{}^*$	0.321 0	0.825 7	0.448 0
$X_4{}^*$	0.813 5	0.498 6	0.213 6
$X_5{}^*$	0.791 5	0.449 6	0.408 9
$X_6{}^*$	0.719 9	0.470 4	0.463 4
$X_7{}^*$	0.720 0	0.466 1	0.467 2

（续）

指标变量	主成分		
	1	2	3
X_8^*	0.719 1	0.468 3	0.464 5
X_9^*	0.860 4	0.346 2	0.371 1
X_{10}^*	− 0.719 0	− 0.601 4	− 0.310 1
X_{11}^*	− 0.061 7	− 0.942 8	− 0.322 5
X_{12}^*	0.129 5	0.485 0	− 0.190 8
X_{13}^*	− 0.155 8	− 0.045 9	0.962 5
X_{14}^*	0.486 8	0.355 0	0.768 4
X_{15}^*	− 0.596 4	− 0.114 4	− 0.497 7
X_{16}^*	0.792 7	0.480 0	0.362 3
X_{17}^*	0.877 5	0.297 2	− 0.219 8

由表9-14可知，前5个主成分的累积贡献率达到100%，说明17个指标中存在着线性相关性。前3个指标的累积贡献率为96.982%，已满足分析研究问题的需要，可以保留原来指标X_1、X_2、$\cdots X_{17}$的信息。表9-15中每一个载荷量表示主成分与对应变量的相关系数。

5. 计算综合评价值

（1）利用主成分分析的目的是为了减少变量的个数，所以一般不用 p 个主成分，而用 m＜p 个主成分，m 的数值则是根据累积贡献率确定的。当累积贡献率≥85% 时的指标个数即为要确定的主成分个数 m，并确定出相应的主成分的线性组合为：

$$Y_a = \sum_{j=1}^{n} L_{jx} x_{ij}^* \quad (k = 1,2,\cdots\cdots m; i = 1,2,\cdots\cdots n)$$

同时参考碎石图（图9-1），可以认为前3个主成分能概括绝大部分信息。

碎石陡坡图

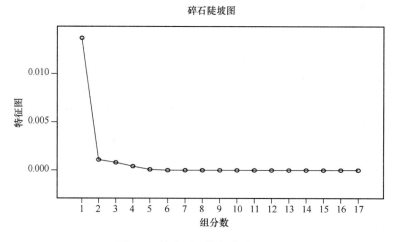

图9-1 综合因子特征值碎石图

（2）根据上述计算所确立的参数，计算第 i 年的可持续发展水平的综合评价值，即可持续发展指数。计算值评价公式为：

$$F_i = \sum_{k=1}^{m} a_k Y_{jk}$$

$$Z_i = \sum_{j=1}^{n} \omega_{ij} z_{ij}$$

ω_{ij}——子系统 i 的第 j 主因子的贡献率

Z_{ij}——子系统 i 的第 j 主因子的综合得分

利用表 9-13 及加权标准化数据可计算得到主成分 F_i 的得分。

将樱桃沟小流域的加权标准化数据代入上式中，得樱桃沟小流域的因子得分，因子 F_1^*、F_2^*、F_3^* 的得分从三个方面反映了小流域的可持续发展水平。虽然 F_1^*、F_2^*、F_3^* 综合原信息的能力较强，但单独使用某个因子，并不能对小流域的可持续发展水平做出一个综合评价。

（3）将 F_1^*、F_2^*、F_3^* 以其方差贡献率为系数（权重），加权求和得到一个小流域的可持续发展水平的综合评价得分函数：

$$Z^* = 0.852\ 85 F_1^* + 0.067\ 42 F_2^* + 0.049\ 56 F_3^*$$

最后将樱桃沟小流域的因子 F_1^*、F_2^*、F_3^* 得分代入上式中，得到樱桃沟小流域发展水平的综合评价得分 Z^*。

以 2003 年数据为例：$Z^* = -3.042$

根据标准化后的数据及评价函数，计算的评价结果见表 9-16。

表 9-16　樱桃沟小流域 2003～2008 年生态涵养可持续发展水平的综合评价结果

年度	F_1^*	排序	F_2^*	排序	F_3^*	排序	总得分 Z^*	排序
2003	-2.527	6	-8.058	6	-6.939	6	-3.042	6
2004	-2.470	5	-5.283	5	-6.373	5	-2.778	5
2005	-0.668	4	-0.389	4	-1.068	4	-0.649	4
2006	1.010	3	2.728	3	3.183	3	1.203	3
2007	1.961	2	4.896	2	6.938	1	2.346	2
2008	2.693	1	6.099	1	4.252	2	2.918	1

第三节　综合评价结果及分析

一、影响因素的权重分析

层次分析法通过特征向量来表现各指标的权重。通过对影响可持续发展度的 2 层 17 个指标的权重分析，可以粗略看出指标变量对可持续发展度的影响程度。

（一）在分目标层，对樱桃沟小流域生态涵养可持续发展度产生影响的 3 个因素中，生态涵养能力是影响生态涵养可持续发展度的最重要因素，权重为 0.595。其次为社会发展能力，其权重为 0.245；经济发展能力（权重为 0.160）对樱桃沟小流域生态涵养可持续发展度的影响程度相对较弱。

（二）在具体指标层，生态涵养能力包括人均水资源量、人均林地、土壤侵蚀模数、绿地新增面积、生物多样性、植被保护水资源价值、保育土壤价值和植被固碳价值等八个指标，其中，人均林地所占权重为 0.205，人均水资源为 0.185，生物多样性和土壤侵蚀模数均为 0.167，绿地新增面积为 0.131，植被保护水资源价值、保育土壤价值和固碳制氧价值分别为 0.053、0.048 和 0.043；社会发展能力的主要制约因素人口密度的权重为 0.442，人口自然增长率的权重为 0.225，社会稳定指数和社会潜在效能的权重分别为 0.193 和 0.139；影响经济发展能力的指标为非农比重（权重为 0.395），人均 GDP（0.290），人均抚养系数（0.162），旅游价值（0.083）和万元 GDP 用水量（0.068）。其中非农比重是影响小流域经济发展的重中之重。

二、樱桃沟小流域生态涵养发展水平的主成分分析

（1）在樱桃沟小流域调查的 17 项指标相关矩阵中，17 个指标有些彼此之间存在较强的相关性，这样 17 个指标反映的信息就有很大的重叠。

（2）樱桃沟小流域调查的 17 项指标变量相关矩阵有三个最大特征根，即：0.013 7、0.001 1 和 0.000 8，它们一起解释了总方差的 96.982%（累积贡献率），基本上保留了原来 17 个指标的信息，具有显著代表性，这样由原来的 17 个指标转化为 3 个新指标，既起到了降维的作用，又使新指标相互独立，不存在线性相关性，前 2 个指标的累积贡献率为 92.027%，已经满足分析问题的需要，但为了更好地说明问题，将前三个主成分都作为研究问题的指标。

（3）载荷系数代表各主成分解释指标变量方差的程度，它表明每个因子包含原始指标信息量的比重。在主成分载荷矩阵表（正交旋转后的因子载荷矩阵表）中，通过主成分分析，把 17 个特征变量成功降维成 F_1^*、F_2^*、F_3^*，可以进一步研究樱桃沟小流域的生态涵养可持续发展情况。

以下依次分析三个主成分：

第一主成分的贡献率最大，为 85.285%，是最重要的影响因子。在第一因子 F_1^* 中，系数较大的成分是 X_1^*（人均林地）、X_2^*（人均水资源量）、X_4^*（土壤侵蚀模数）、X_5^*（绿地新增面积）、X_6^*（植被保护水资源价值）、X_7^*（植被保育土壤价值）、X_8^*（植被固碳制氧价值）、X_9^*（人口密度）、X_{10}^*（人口自然增长率）、X_{16}^*（旅游价值）和 X_{17}^*（万元 GDP 用水量），因此这是一个典型的环境发展水平因子，所以 F_1^* 可以命名为反映小流域的可持续发展水平的环境发展因子。

第二主成分的贡献率为 6.742%，是次重要的影响因子。在第二因子 F_2^* 中，系数较大的成分是 X_3^*（生物多样性）、X_4^*（土壤侵蚀模数）、X_{10}^*（人口自然增长率）、X_{11}^*（社会稳定指数）和 X_{12}^*（社会潜在效能），因此可以将 F_2^* 命名为反映小流域的可持续发展水平的社会发展因子。

第三主成分的贡献率为 4.956%，重要性不高，但却是不容忽视的影响因素。在第三因子 F_3^* 中，系数中最大的成分是 X_{13}^*（非农比重）、X_{14}^*（人均 GDP）和 X_{15}^*（人均抚养系数），因此这是一个典型的经济发展因子，反映了小流域的经济情况。因此，F_3^* 可以命名为反映小流域可持续发展水平的经济发展因子。

三、樱桃沟小流域生态涵养发展状况及原因分析

分析樱桃沟小流域 2003～2008 年生态涵养可持续发展原始数据，可以看出，樱桃沟

小流域的各项指标值整体上在稳步提高。

但就其发展的历程来看，也是有变化的。人均抚养系数在这些年份中，有逐步增加的趋势，但同时可持续发展状况也呈逐渐增长的态势，说明樱桃沟小流域发展过程中的每一个阶段都不同程度地受到限制因素的束缚。当这些限制因素很少，并处于微弱态势时，不会对樱桃沟小流域的整体发展水平造成影响，当这些因素改善后，小流域能以更快的速度向前发展。

（1）分析樱桃沟小流域 2003～2008 年生态涵养可持续发展水平的综合评价结果发现，从 2003 年到 2008 年，综合评价分数逐年增长，由 2003 年的 -3.042 稳步增长到 2008 年的 2.918。其中 2004 年得分 -2.778，2005 年得分 -0.649，2006 年开始，分数为正，为 1.203，2007 年为 2.346。

从第一个综合因子环境发展因子来看，2003 年分值最低，为 -2.527，2006 是关键的一年，得分为 1.010，证明环境已经得到了明显的改善。从 2003 年到 2008 年的得分情况可知，环境越来越受到民众以及政府的关注，使得环境日益改善。

从第二个综合因子社会发展因子来看，2003 年分值为 -8.058，为历年来的最低，2004 年到 2008 年的得分依次是 -5.283、-0.389、2.728、4.896 和 6.099。从得分来看社会在稳步前进。

从第三个综合因子经济发展因子来看，2007 年得分最高为 6.938，2003 年最低，分值为 -6.939。2008 年得分为 4.252。

（2）分析樱桃沟小流域 2003～2008 年的生态涵养可持续发展水平综合评价结果，从调查的时间序列来看，2003 年和 2004 年的得分别为 -3.042 和 -2.778，2003 年环境发展因子、经济发展因子和社会发展因子的得分分别为 -2.527、-6.939 和 -8.058，2004 年分别为 -2.470、-6.373 和 -5.283。环境和社会状况急需改善，以适应发展的需要。当时，樱桃沟小流域的矿山刚刚进行清理，被其破坏的环境亟待恢复，寻找新的经济发展模式。

2005 年和 2006 年是转折的两年，可持续发展状况开始复苏，综合评价值从 -0.649 到 1.203，实现了负值到正值的转变。各项因子得分也均由负值向正值发展。可见，樱桃沟小流域的治理措施已初见成效。

2007 年和 2008 年社会发展良好，因子得分分别为 2.346 和 2.918。由此可知，樱桃沟小流域正在有效地、稳步地可持续发展。

（3）总体上来看，樱桃沟小流域可持续发展水平整体上处于良性循环中。这是优化调整生态环境、合理调配资源、控制人口数量等措施的结果。但也应清醒地看待还存在的问题，应该继续加大环境保护的力度、加强社会发展方面的管理、促进经济的发展，以实现可持续发展的目标。

第四节　樱桃沟小流域生态涵养可持续性预测与建议

一、樱桃沟小流域生态涵养可持续性预测

根据本文的特点，采用一定时间序列的数据，即 2003～2008 年间的数据对樱桃沟小

流域进行现状分析与预测，符合灰色预测法对数据的要求，可以用其对樱桃沟小流域各个指标及各种发展能力进行预测。

（一）建模数据

本文用于建立灰色预测模型的数据见表9-2和表9-16。由于评价指标过多，指标之间具有一定关联性，因此本文选取了几个重要指标，即具有代表性的指标进行预测。如人口自然增长率可由人口密度乘以流域面积得出人口总数，再根据年变化进行计算。

由于灰色预测模型要求数据非负，而生态涵养能力、社会发展能力和经济发展能力部分得分为负，首先需要对其数据进行正化处理，而后进行预测分析。

（二）模型建立

灰色GM（1，1）模型的建立需要大量繁琐的运算，为简化过程，本文根据灰色GM（1，1）模型基本原理，利用 Excel 软件构建模型。模型构建结果见以下式子：

生物多样性模型：$\hat{x}^{(1)}$（$i+1$）$=5.289e^{-0.112i}-5.289$；

土壤侵蚀模型：$\hat{x}^{(1)}$（$i+1$）$=（2\,800-6\,768.18）e^{0.351i}+6\,768.18$；

植被保护水资源价值模型：$\hat{x}^{(1)}$（$i+1$）$=（65.19+2\,392.73）e^{0.027i}-2\,392.73$；

人口密度模型：$\hat{x}^{(1)}$（$i+1$）$=（40.065-864.70）e^{-0.050i}+864.70$；

社会稳定指数模型：$\hat{x}^{(1)}$（$i+1$）$=（239.62-5\,9519.22）e^{-0.004i}+59\,519.22$；

旅游价值模型：$\hat{x}^{(1)}$（$i+1$）$=（194.67+2\,003.84）e^{0.322i}-2\,003.84$；

生态涵养能力模型：$\hat{x}^{(1)}$（$i+1$）$=（1+5.43）e^{0.290i}-8.957$；

社会发展能力模型：$\hat{x}^{(1)}$（$i+1$）$=（1+22.71）e^{0.238i}-31.768$；

经济发展能力模型：$\hat{x}^{(1)}$（$i+1$）$=（1+18.06）e^{0.255i}-25.999$。

（三）灰色预测模型检验

按模型精度检验公式对建立灰色预测模型进行检验，检验结果见表9-17。由表9-17可见，除生物多样性指标和经济发展能力指标预测精度等级为"合格"外，其余7项指标预测精度等级均为"好"，可以对这9项指标进行灰色预测。

表9-17　樱桃沟小流域生态涵养可持续发展指标灰色模型及检验

指标	预测年限	2003年	2004年	2005年	2006年	2007年	2008年	c, p	精度等级
生物多样性	预测值	0	0.627	0.702	0.785	0.878	0.982	$c=0.43$ $p=0.83$	合格
	统计值	0	0.362	0.892	0.923	0.915	0.866		
	相对误差（%）	0	73.31	−21.32	−14.95	−4.02	13.43		
土壤侵蚀模数	预测值	2800	1176	827	582	410	288	$c=0.02$ $p=1$	好
	统计值	2800	1200	800	600	400	300		
	相对误差（%）	0	−2.02	3.42	−2.96	2.43	−3.89		

（续）

指标	预测年限	2003 年	2004 年	2005 年	2006 年	2007 年	2008 年	c, p	精度等级
植被保护水资源价值	预测值	65.19	66.92	68.74	70.62	72.54	74.51	$c = 0.31$ $p = 1$	好
	统计值	65.19	66.49	67.76	72.59	73.12	73.39		
	相对误差（%）	0	0.64	1.45	−2.72	−0.80	1.53		
人口密度	预测值	40.065	40.351	38.376	36.498	34.712	33.014	$c = 0.27$ $p = 1$	好
	统计值	40.065	41.293	37.840	35.400	34.520	33.947		
	相对误差（%）	0	−2.28	1.42	3.10	0.56	−2.75		
社会稳定指数	预测值	239.62	210.71	209.96	209.22	208.47	207.73	$c = 0.32$ $p = 1$	好
	统计值	239.62	216.54	203.92	206.34	208.95	210.35		
	相对误差（%）	0	−2.69	2.96	1.39	−0.23	−1.24		
旅游价值	预测值	194.67	834.13	1150.61	1587.16	2189.34	3019.99	$c = 0.29$ $p = 1$	好
	统计值	194.67	383.38	968.83	1987.54	2261.94	2704.24		
	相对误差（%）	0	117.57	18.76	−20.14	−3.21	11.68		
生态涵养能力	预测值	−2.527	−1.366	−0.640	0.330	1.625	3.356	$c = 0.29$ $p = 1$	好
	统计值	−2.527	−2.470	−0.668	1.010	1.961	2.693		
	相对误差（%）	0	−44.69	−4.15	−67.38	−17.13	24.61		
社会发展能力	预测值	−8.058	−2.789	−0.961	1.217	3.981	7.490	$c = 0.27$ $p = 1$	好
	统计值	−8.058	−5.283	−0.389	2.728	4.896	6.099		
	相对误差（%）	0	−49.31	147.13	−55.39	−18.68	22.80		
经济发展能力	预测值	−6.939	−2.394	−0.781	1.301	3.988	7.457	$c = 0.47$ $p = 1$	合格
	统计值	−6.939	−6.373	−1.068	3.183	6.938	4.252		
	相对误差（%）	0	−62.43	−26.83	−59.14	−42.52	75.38		

（四）灰色预测

利用灰色预测模型对各指标进行预测，预测结果见表9-18。

由表9-18可以看出，除了土壤侵蚀模数、人口密度和社会稳定指数三个指标是逐年递减，其余指标均呈递增趋势。其中，土壤侵蚀模数是逆向指标，数值的递减，说明土壤侵蚀逐步减弱。土壤侵蚀模数的一些数值在现实中是不存在的，但是灰色预测反映了一个变化趋势，表明生态环境在日益改善。可见，2009～2020年，櫻桃沟小流域的生态涵养能力、社会发展能力和经济发展能力将得到提高。

二、櫻桃沟小流域生态涵养可持续发展建议

目前櫻桃沟小流域生态涵养可持续发展态势良好，虽然生态环境恶化趋势得到遏制，正在逐步改善，但是还存在着一些问题。本文结合《北京市人民政府办公厅关于印发北京市山区协调发展总体规划的通知》、《关于进一步促进山区经济社会发展的若干政策措施》和《关于促进生态涵养发展区协调发展的意见》，为了加强山区生态环境的保护与建设，

表 9-18 樱桃沟小流域生态涵养可持续发展指标标灰色预测（2009～2020 年）

指 标	2009 年	2010 年	2011 年	2012 年	2013 年	2014 年	2015 年	2016 年	2017 年	2018 年	2019 年	2020 年
生物多样性	1.099	1.229	1.375	1.538	1.721	1.925	2.153	2.408	2.694	3.014	3.371	3.771
土壤侵蚀模数（t/km²·a）	203	143	100	71	50	35	25	17	12	9	6	4
植被保护水资源价值（万元）	76.54	78.63	80.77	82.97	85.22	87.55	89.93	92.38	94.89	97.48	100.13	102.86
人口密度（人/km²）	31.399	29.862	28.401	27.011	25.69	24.433	23.237	22.1	21.019	19.99	19.012	18.082
社会稳定指数	206.99	206.26	205.53	204.79	204.07	203.34	202.62	201.9	201.18	200.47	199.75	199.04
旅游价值（万元）	4 165.79	5 746.33	7 926.53	10 933.91	15 082.32	20 804.66	28 698.11	39 586.38	54 605.75	75 323.58	103 901.92	143 323.08
生态涵养能力	5.67	8.76	12.88	18.4	25.76	36.6	48.74	66.3	89.76	121.1	162.97	218.9
社会发展能力	11.94	17.59	24.76	33.86	45.41	60.06	78.66	102.26	132.2	170.21	218.44	279.65
经济发展能力	11.93	17.72	25.18	34.81	47.25	63.3	84.02	110.76	145.29	189.86	247.39	321.66

山区城镇化的健康有序发展和山区人民生产生活条件的改善，对樱桃沟小流域的生态涵养可持续发展提出以下建议。

据最新的北京市城市发展总体规划，门头沟区主体的功能定位就是作为京西的生态屏障，在北京生态功能区划和京津风沙生态环境建设规划中，也把门头沟作为大区域的生态屏障地位来建设，给予门头沟区以很高的生态功能定位。在北京的生态功能区划中更将门头沟区规划为唯一的"生态旅游区"。因此，无论在产业选择和生态恢复建设方面，都要按照"建设首都西部生态屏障，大力发展山区特色旅游"的全区功能的要求，合理开发、利用和保护各种资源，提高资源的综合利用率，实施"生态经济"发展战略，努力实现经济、社会和环境生态效益的统一，促进社会全面进步，实现生态与经济的"双赢"，这是门头沟区社会经济可持续发展的必然选择。

（一）生态建设方面

在生态建设方面，樱桃沟小流域应坚持生态优先的原则，以生态－经济－社会复合系统为依据，以发展生态环保型经济为中心，以现代科学技术和社会文明为支撑，积极建设优良环境，切实保护生态资源，科学运作生态资本，大力发展绿色产业和循环经济，提高资源环境配置效率和城镇综合竞争力；以现有各种污染源综合治理为重点，以生态环境系统建设为重心，加强重大生态环保工程建设，尽快使生态环境质量达到国内先进水平，建设高质量的人居环境。推进生态经济产业带建设，形成布局合理、功能完善、协调发展的生态城镇体系。以"京西生态经济带"建设为总目标，以确保生态安全和稳定，提高生态自然恢复的能力。

1. 加强水资源调配与生态水利资源建设

切实加强水资源的开发利用、节约保护和优化配置，合理开发传统水资源，综合利用非传统水资源，提高水资源的利用率，开源节流并重，兴利除害结合，防洪抗旱并举，实现工程水利向生态水利的转变。科学合理开发水资源。科学合理利用地表水资源与过境水资源，实现水资源的永续利用。建设备用水源工程，优化水资源配置。加快农田水利基本建设。发展节水农业、节水工业和节水服务业，改进节水措施，提高水的重复利用率。统筹规划，把水资源的节约和保护放在首位，建立节水型社区。发展水利产业，推进水利建设的社会化、市场化进程和水资源的统一管理。

2. 加强自然资源保护与生态环境建设

（1）自然资源保护和可持续利用　以恢复与培育优质资源，增加可再生资源为目标，坚持在保护中建设，在建设中保护，建立完善资源有序利用制度，全面推进土地、水、森林资源的保护与可持续利用。

加强土地资源的合理利用与保护。切实保护耕地资源，合理控制城建用地规模，严格控制村屯建设用地，保持耕地基本总量动态平衡。

加强森林资源的培育和保护利用。加快中幼林与灌木林资源培育，实施封山育林工程，建设好造纸用材林、防护林体系工程。加强天然林资源保护，做好森林管护以实现秀美工程和绿色通道工程，建设好绿化体系。

加强对生物资源的合理开发利用，尤其是经济植物、药用植物、食用野果，都具有较高的经济价值，颇有开发前景。此外，还有油料植物、野生纤维植物、芳香植物，都是值得重视的经济植物资源。

（2）林业建设及山体植被生态恢复　森林是整个国民经济持续、快速、健康发展的基础，在经济建设和可持续发展中具有不可替代的地位和作用。森林生态系统是区域经济可持续发展的基础，必须保护和建设好的生态系统。

森林是天然的蓄水库。据科学测算，树木根系在土壤中达到 1m 深时，每公顷森林可贮水 $500 \sim 2\,000m^3$，每平方公里森林每小时可吸纳雨水 $20 \sim 40t$，为无林地的 20 多倍。雨水多时，森林可贮水；雨水少时，森林可缓慢释放水分，是一座巨人的天然水库。森林具有巨大的水土保持功能，是防风固沙的屏障。如果林带和林网配置合理，可将灾害性的强风变成小风、微风。乔木、灌木、草的根系可以固着土壤颗粒，防止其沙化，或者把固定的沙土经过生物作用改变成具有一定肥力的土壤。森林生态系统可满足人类健康和精神的需求，提高人们的物质、文化、精神生活的质量。由于环境污染造成人们健康的恶化，还是要由经济来承担。森林、林木和草地具有净化空气、减轻和治理污染、满足人类身心健康和精神享受的功能。

森林是振兴山区经济的根本出路。根据山区的特点，治水必先治山，治山必先兴林，抓好林业这个龙头，山区经济和生态的一盘棋就搞活了。发展生态林业，强化政府行为，采取法律保障，加强对生态林业的保护和管理，建立多元投资机制，加快生态公益林建设；商品林业以市场为导向，按照市场经济规律，大力调整品种结构，加快高效林业发展；对林业支撑体系，政府要加强保障措施和资金投入。以林业第一产业为基础，培育林木资源，实行集约化经营、规模化生产；开拓第三产业，搞活市场，发挥市场在资源配置中的作用，围绕市场上项目，发展多种经营。

3. 加强矿区土地整治与生态重建

矿区功能定位由能源基地向生态基地转变。该矿区功能的转变为矿区改善生态环境，建设北京山区生态屏障将发挥重要作用。

为了保护山区水土资源、矿产资源和森林资源，综合治理矿区地面塌陷、水土流失、泥石流等灾害，重建矿区生态环境，改善山区人民生活、居住条件，实现山区社会经济的可持续发展，从根本上解决长期以来制约当地经济、社会可持续发展的实际问题，发展生态型替代产业。

（二）经济发展方面

经过生态环境建设，生态优势将成为生态涵养发展区的核心竞争力。生态涵养发展区的发展必须紧紧围绕生态优势做文章，结合地域特点和资源禀赋大力发展生态产业，在山区着重发展生态农业和生态旅游，逐步将生态资源优势转化为经济发展优势。

1. 强化自身特色农业，延伸其产业链

樱桃沟小流域气候环境适应多种果树生长，在地理位置和自然资源上都具有得天独厚的优势，有很多自产的和引进的名特优新产品：京白梨、山樱桃等，不仅在质量上很好，而且在品种上也是绝无仅有的。樱桃沟小流域通过政府的大力扶持和相关政策出台，逐步建成了具有特色的果品基地，如玫瑰花基地和樱桃基地。由此可以看出，樱桃沟小流域的特色农业基地建设已经初步形成，但是其农产品的深加工能力并没有同步发展，还处于初级产品的生产阶段。

对于此类自身特色的农业产业，首先，应依托现有的产业基础，继续强化已有优势，同时应大力拓展农产品的加工产业链，提高初级农产品的附加值；其次，应加强对此类企业的集中引导，形成产业集聚，逐步形成规模效益；再次，需要对此类产业加强市场开拓，通过企业引进、资本引进、共同开发来达到农业产业升级的目的。如果进一步对本地资源进行深层次开发的基础上，品种上再独出心裁，不仅会打开北京市场，也会打开全国的市场，从而加快樱桃沟小流域经济总值的增长。

综合以上分析可以看出，樱桃沟小流域的农业发展方向应该是在充分利用自身资源、发挥区域特色的基础上，看准市场，规模经营，发展以林果业为特色的林业经济。依托这些产业的发展，完全可以将樱桃沟小流域建设成在北京具有重要地位和影响的特色农产品集中生产及加工区。

2. 发展壮大生态工业，建设生态产业园区

生态工业是依据生态经济原理，以生产过程的低污染、低消耗为主要特征的现代化的工业发展模式。在樱桃沟小流域发展生态工业，需做好以下几点：第一，重点发展符合樱桃沟小流域的环境特点，低污染、低能耗、高附加值的先进制造工业企业，如绿色农产品加工、食品饮料和生物医药等产业。第二，大力推进现有工业开发区的生态化改造，建设生态产业园区。生态产业园是发展循环经济的重要载体，通过企业之间有效分享物质、能源、水、基础设施等资源，使企业群体在生产经营过程中实现物质和能源的循环再利用、低消耗、低排放，从而达到区域环境和经济效益的统一。建设生态产业园区，关键是统筹规划好企业之间热量、能源、水资源等物质能量循环再利用的流程设计和基础设施建设，以及搞好废水、废气等污染物处理设施建设。第三，实行强制性清洁生产审核，强化污染预防和全过程控制，推进废弃物零排放，加强废弃物的循环利用。

3. 以生态旅游为主导，带动相关生态服务业发展

生态服务业是以保护生态环境和人的身心健康为出发点，以提供生态产品和服务为主的服务业，主要包括生态产品销售、生态住宿餐饮、生态旅游等。其中，生态旅游正在迅速发展。樱桃沟小流域拥有丰富的自然生态景观和人文景观，有妙峰山森林公园，还有一些民俗度假村、观光采摘园，生态旅游发展潜力很大。

发展生态旅游需要做好以下工作：第一，与农业发展相结合。遵循生态旅游与农业的内在功能联系，实现农业文化、生态文化与有形产品无缝对接，其主要载体有农业观光园、生态公园、采摘园、农家乐游等。一方面，利用自然或人工营造的乡村环境空间向游客提供逗留场所，通过具有参与性的乡村生活形式及特有的娱乐活动，实现城乡居民的广泛交流；另一方面，在游客观光时提供当地农副产品，产品与服务兼营。第二，实行生态

旅游认证。争取将"生态标签"制度引入旅游市场，由第三方依据事先制定的、经行业认可的标准，证明生态旅游服务商、旅游吸引物经营商提供的产品和服务在何种程度上符合标准。生态旅游认证对象包括饭店及其他住宿设施，旅游吸引物、景区等。通过认证培育生态旅游品牌，使旅游者在选择景区、饭店和其他旅游服务提供者时做出正确抉择，购买到真正"绿色"的旅游产品。第三，不要超出生态旅游资源及环境的承载力。在旅游开发过程中，严格遵循生态规律，把旅游活动强度和游客进入数量控制在资源及环境的"生态承载力"范围以内。第四，做好环境教育工作。在旅游景区内安装一些能提高游客环境保护意识的宣传设施，同时加强管理，约束旅游从业人员和游客保护好景区的生态环境。第五，做好资金回投工作。旅游所得收入要按一定比例回投至生态涵养区的生态环境建设，用于保护和修复因旅游对环境造成的不利影响，保证其可持续利用。第六，通过生态旅游带动生态住宿餐饮、休闲娱乐、生态品销售等相关生态服务业发展，形成一条"吃、住、行、游、购、娱"相结合的生态体验产业链。

（三）社会发展方面

樱桃沟小流域的社会文化发展潜力是生态文化，生态文化是樱桃沟小流域文化建设的重要组成部分，建设生态社会是樱桃沟小流域发展的必然结果。在樱桃沟小流域的建设中，必须倡导生态文化，加强生态社会建设，形成提倡节约资源、爱护生态环境的新风尚，推进生态文明社会的发展。

1. 控制人口数量，提高人口素质

从体制、机制和科技入手，对人口问题进行综合治理，引导人口合理有序迁移。重视人口老龄化趋势，努力解决老龄人口社会保障和精神生活问题。大力发展科技、教育、文化、卫生、体育事业，不断提高小流域人民的科技文化水平和综合素质，建立具有预防、医疗、康复等综合服务功能的有效、经济、公平的卫生服务体系。大力推进社会保险制度的改革和发展，不断扩大社会福利的覆盖面，调整优化福利事业结构，建立健全社会保障体系。

2. 加强生态科学知识的教育和普及，增强公众生态文化的观念和意识

加强生态环境知识的教育，增强生态文化的观念和意识，努力造就具有生态环境保护知识和意识的一代新人。提高政府和企业管理人员的生态文化素质，使生态建设和环境保护成为政府决策和企业活动的自觉行为。利用各种传播媒介广泛开展可持续发展思想和生态环境知识的宣传教育活动，促进公众传统价值观的转型。建设具有集生态教育和生态科普、生态旅游、生态保护等功能于一体的生态景区。

3. 保护历史文化名城的城镇风貌，继承弘扬地方传统文化

在开发建设中既要注意保护历史文化遗产和城镇特点，防止片面强调发展而割断历史、不顾环境、风貌进行破坏性的建设，也要注意在继承名城特色的基础上使城镇历史文脉得到延续。加强历史文化遗迹保护，挖掘和发扬具有特色的地方戏剧、舞蹈、工艺品、

绘画、民间文学、土特产品、饮食风味、生活习俗等文化形式，丰富城镇文化内涵，塑造城镇特色。推进企业文化的转型与创新，树立企业注重保护生态环境的良好形象。

4. 加强社区生态文化建设，倡导绿色消费模式

改变传统消费观念，建立与生产力水平和发展阶段相适应的绿色、环保的生活方式、消费模式与伦理规范，倡导文明向上的社区文化。在社区中开展多种形式的文化活动，宣传普及生态环境知识，树立居民的生态价值观，引导其生活方式、消费方式和行为方式向既保护自身健康，又保护生态环境的方向发展，使保护生态环境、建设美好家园成为居民的自觉行为。

第五节 结 论

（1）通过对影响可持续发展度的 2 层 17 个指标的权重分析，得到影响樱桃沟小流域可持续发展程度的因素中生态涵养能力是影响生态涵养可持续发展度的最重要因素，权重为 0.595，其次为社会发展能力和经济发展能力，权重分别为 0.245 和 0.160。在具体指标层中，影响生态涵养能力的指标强弱顺序为：人均林地、人均水资源、生物多样性、土壤侵蚀模数、绿地新增面积，植被保护水资源价值、保育土壤价值和固碳制氧价值；影响社会发展能力的制约因素顺序为人口密度、人口自然增长率、社会稳定指数和社会潜在效能；影响经济发展能力的指标顺序为非农比重、人均 GDP、人均抚养系数、旅游价值和万元 GDP 用水量。

（2）樱桃沟小流域 2003～2008 年生态涵养可持续发展水平的综合评价结果，2003～2008 年，樱桃沟小流域可持续发展水平综合评分逐年增长，由 2003 年的 -3.042 稳步增长到 2008 年的 2.918。总体来看，樱桃沟小流域可持续发展处于良性循环中。这是优化调整生态环境、合理调配资源、控制人口数量等措施的结果。

（3）通过灰色系统理论建立灰色模型，预测 2009 年到 2020 年间，樱桃沟小流域的生态涵养能力、社会发展能力和经济发展能力均得到提高。建议樱桃沟小流域可以在生态建设方面坚持生态优先的原则，推进生态经济产业带建设，形成布局合理、功能完善、协调发展的生态城镇体系；在经济发展方面要围绕生态优势做文章，结合地域特点和资源禀赋大力发展生态产业，在山区着重发展生态农业和生态旅游，逐步将生态资源优势转化为经济发展优势；社会发展方面倡导生态文化，加强生态社会建设，形成提倡节约资源、爱护生态环境的新风尚，推进生态文明社会的发展。

参考文献

[1] 白洪. 2006. 城市土地生态规划研究——以贵阳市为例 [D]. 天津：天津大学.

[2] 北京市门头沟区地方志编纂委员会. 2008. 北京门头沟年鉴 [M]. 北京：中国广播电视出版社.

[3] 毕小刚，段淑怀. 2007. 北京市从小流域治理走向小流域管理的实践 [J]. 中国水土保持，1：10 – 11.

[4] 毕小刚，杨进怀，李永贵，等. 2005. 北京市建设生态清洁型小流域的思路与实践 [J]. 中国水土保持，1：18 – 20.

[5] 陈建刚，侯旭峰，吴敬东. 2002. 北京北部山区石匣小流域综合治理模式研究 [J]. 6：18 – 20.

[6] 陈文波，肖笃宁，李秀珍. 2002. 景观空间分析的特征和主要内容 [J]. 生态学报，22 (7)：1135 – 1142.

[7] 陈晓玲，龚威，李平湘. 2006. 遥感数字影像处理导论 [M]. 北京：机械工业出版社.

[8] 陈玄，陶忠良，吴志祥，等. 2007. 气候变化对海南岛生态承载力的影响分析 [J]. 华南热带农业大学学报，13 (1)：33 – 37.

[9] 程国栋. 2002. 承载力概念的演变及西北水资源承载力的应用框架 [J]. 冰川冻土，24 (4)：361 – 367.

[10] 崔丽娟，陈文波，赵小汛，等. 2006. 鄱阳湖湿地区土地利用变化分析与预测 [J]. 福建林学院学报，26 (3)：240 – 246.

[11] 党安荣，史慧珍，何新东. 2003. 基于 3S 技术的土地利用动态变化研究 [J]. 清华大学学报（自然科学版），43 (10)：1408 – 1411.

[12] 党小虎. 2004. 小流域综合治理效果研究——以隆德县李太平小流域为例 [D]. 杨凌：西北农林科技大学.

[13] 段文标，陈立新，余新晓. 2004. 北京山区蒲洼小流域综合治理可持续发展评价与分析 [J]. 中国水土保持科学，2 (4)：53 – 57.

[14] 段文标，余新晓，侯旭峰，等. 2002. 北京山区石匣小流域综合治理可持续发展评价与分析 [J]. 水土保持学报，16 (4)：86 – 90.

[15] 方创琳，鲍超，张传国. 2003. 干旱地区生态——生产——生活承载力变化情势与演变情景分析 [J]. 生态学报，23 (9)：1915 – 1923.

[16] 冯尚友. 2000. 水资源可持续利用导论 [M]. 北京：科学出版社.

[17] 符素华，吴敬东，段淑怀. 2001. 北京密云石匣小流域水土保持措施对土壤侵蚀的影响研究 [J]. 水土保持学报，15 (2)：21 – 24.

[18] 符素华，段淑怀，刘宝元. 2001. 密云石匣小流域土地利用对土壤粗化的影响 [J]. 地理研究，20 (6)：697 – 702.

[19] 傅湘, 纪昌明. 2002. 水资源统一管理的主要内容和方法 [J]. 中国水利, 49 - 52.

[20] 高吉喜. 2001. 可持续发展理论探索——生态承载力理论、方法与应用 [M]. 北京: 中国环境科学出版社, 1 - 185.

[21] 郭晋平, 周志翔. 2007. 景观生态学 [M]. 北京: 中国林业出版社, 1 - 301.

[22] 郭铌. 2003. 植被指数及其研究进展 [J]. 干旱气象, 21 (4): 71 - 75.

[23] 管伟. 2004. 北京延庆县上辛庄小流域人工林水文特征的研究 [D]. 保定: 河北农业大学, 1 - 37.

[24] 韩永伟, 拓学森, 高吉喜, 等. 2011. 黑河下游重要生态功能区植被防风固沙功能及其价值初步评估 [J]. 自然资源学报, 26 (1): 58 - 65

[25] 何福红, 黄明斌, 党廷辉. 2003. 黄土高原沟壑区小流域综合治理的生态水文效应 [J]. 水土保持研究, 10 (2): 33 - 37.

[26] 胡广录, 赵文智, 刘鹄, 等. 2010. 内陆河小流域综合治理对景观格局的影响——以童子坝河流域为例 [J]. 中国沙漠, 30 (6): 1398 - 1404.

[27] 胡淑萍, 孙庆艳, 余新晓. 2009. 京郊小流域森林景观格局变化分析 [J]. 水土保持通报, 29 (5): 180 - 183.

[28] 黄初龙, 邓伟. 2008. 农业水资源可持续利用评价指标体系构建与应用 [M]. 北京: 化学工业出版社, 1 - 206.

[29] 黄初龙, 章光新, 杨建锋. 2006. 中国水资源可持续利用评价指标体系研究进展 [J]. 资源科学, 28 (2): 33 - 40.

[30] 惠泱河, 蒋晓辉, 黄强, 等. 2001. 水资源承载力评价指标体系研究 [J]. 水土保持通报, 21 (1): 30 - 34.

[31] 蒋晓辉, 黄强, 惠泱河, 等. 2001. 陕西关中地区水环境承载力研究 [J]. 环境科学学报, 21 (3): 312 - 317.

[32] 姜小光, 唐伶俐, 王长耀, 等. 2002. 高光谱数据的光谱信息特点及面向对象的特征参数选择——以北京顺义区为例 [J]. 遥感技术与应用, 17 (2): 59 - 65.

[33] 焦峰, 温仲明, 李锐. 2005. 黄土高原退耕还林 (草) 环境效应分析 [J]. 水土保持研究, 1: 26 - 29.

[34] 李伟业. 2007. 三江平原沼泽湿地生态承载力与可持续调控模式研究 [D]. 哈尔滨: 东北农业大学, 1 - 107.

[35] 刘伯云. 2009. 鹤鸣观小流域综合治理效应研究 [D]. 重庆: 西南大学, 1 - 45.

[36] 刘德成. 2009. 天祝县水土保持小流域综合治理概况 [J]. 农业科技与信息, 24: 11.

[37] 柳长顺, 刘昌明, 杨红. 2007. 流域水资源合理配置与管理研究 [M]. 北京: 中国水利水电出版社, 1 - 263.

[38] 刘大根, 段淑怀, 李永贵, 等. 2008. 北京《生态清洁小流域技术规范》的编制 [J]. 中国水土保持, 7: 24 - 26.

[39] 刘国彬, 杨勤科, 郑粉莉. 2004. 黄土高原小流域治理与生态建设 [J]. 中国水土保持科学, 2 (1): 11 - 15.

［40］刘纪元. 1996. 中国资源环境遥感宏观调查与动态研究［M］. 北京：中国科学技术出版社.

［41］刘建平，赵英时. 1999. 高光谱遥感数据解译的最佳波段选择方法研究［J］. 中国科学院研究生院学报，2：153－161.

［42］刘茂松，张明娟. 2004. 景观生态学［M］. 北京：化学工业出版社，1－256.

［43］刘震. 2005. 我国水土保持小流域综合治理的回顾与展望［J］. 中国水利，22：17－20.

［44］刘正恩，袁照航. 2009. 山区小流域综合治理和生态环境建设规划——以北京市昌平区流村镇菩萨鹿村为例［J］.（12）：3－5.

［45］刘忠民，宋其龙，张文静，等. 2005. 可持续发展原则下的夏令营综合治理研究［J］. 北京水利，（1）：50－60.

［46］李翀，刘大根，马巍，等. 2009. 北京山区小流域水环境承载能力研究［J］. 北京水务，2：72－74.

［47］李仁辉，潘秀清，金家双. 2010. 国内外小流域治理研究现状［J］. 水土保持应用技术，3：32－34.

［48］李锐. 2008. 北京山区小流域治理新增耕地近八千亩［N］. 农民日报，12（15）：002.

［49］李岩. 2009. 山西浑源京津风沙源小流域综合治理效益评价［D］. 北京：北京林业大学，1－51.

［50］李妍彬，田至美. 2007. 北京山区小流域治理措施综述［J］. 32（2）：101－103.

［51］李妍彬. 2008. 北京山区小流域经济开发与管理探讨［D］. 北京：首都师范大学，1－67.

［52］李永贵. 2000. 北京市山区小流域治理及可持续发展示范研究［J］. 北京水利，3：9－10.

［53］李中魁. 1998. 黄土高原小流域治理效益评价与系统评估研究——以宁夏西吉县黄家二岔为例［J］. 生态学报，18（3）：241－247.

［54］罗音. 2002. 基于信息量确定遥感图像主要波段的方法［J］. 城市勘测，28－32.

［55］闵庆文，余卫东，张建新. 2004. 区域水资源承载力的模糊综合评价分析方法及应用［J］. 水土保持研究，11（3）：14－16.

［56］潘兴瑶，夏军，李法虎，等. 2007. 基于GIS的北方典型区水资源承载力研究——以北京市通州区为例［J］. 自然资源学报，22（4）：664－671.

［57］潘兴瑶，刘洪禄，李法虎，等. 2007. 基于GIS技术的北京通州区灌区生态需水研究［J］. 农业工程学报，23（2）：42－46.

［58］石月珍，赵洪杰. 生态承载力定量评价方法的研究进展［J］. 人民黄河，27（3）：6－8.

［59］唐莉华，张思聪. 2004. 北京市小流域水土保持综合治理规划模块开发研究［J］. 中国水土保持，4：28－30.

［60］唐克丽，张仲子，孔晓玲，等. 1984. 黄土高原水土流失与土壤退化研究初报［J］.

环境科学，5（6）：529.

[61] 汤萃文，陶玲，杨国靖，等. 2011. 祁连山典型林区生态服务功能间接价值估算[J]. 生态学杂志，30（3）：569 – 575.

[62] 王本德，于义彬，王旭华，等. 2004. 考虑权重折衷系数的模糊识别方法及在水资源评价中的应用[J]. 水利学报，1（1）：6 – 12.

[63] 王浩，王建华，秦大庸，等. 2006. 基于二元水循环模式的水资源评价理论方法[J]. 水利学报，37（12）：1496 – 1502.

[64] 王浩，王建华，秦大庸，等. 2002. 现代水资源评价及水资源学学科体系研究[J]. 地球科学进展，17（1）：12 – 17.

[65] 王冬梅，李永贵，蒋文琼，等. 2002. 北京山区小流域经济发展的影响因素分析——以石匣小流域为例[J]. 北京林业大学学报，24（1）：53 – 58.

[66] 王海英，刘桂环，董锁成. 2004. 黄土高原丘陵沟壑区小流域生态环境综合治理开发模式研究——以甘肃省定西地区九华沟流域为例[J]. 自然资源学报，19（2）：207 – 216.

[67] 王家骥，姚小红，李京荣，等. 2000. 黑河流域生态承载力估测[J]. 环境科学研究，（2）：44 – 48.

[68] 王顺久，侯玉，张欣莉，等. 2003. 流域水资源承载能力的综合评价方法[J]. 水利学报，（1）：88 – 92.

[69] 王希贤. 2001. 平阳县小流域治理现状及其对策[J]. 浙江水利科技，（5）：27 – 28.

[70] 王晓燕，徐志高，杨明义，等. 2004. 黄土高原小流域景观多样性动态分析[J]. 应用生态学报，15（2）：273 – 277.

[71] 王晓燕，王一峋，王晓峰. 2003. 密云水库小流域土地利用方式与氮磷流失规律[J]. 环境科学研究，16（1）：30 – 33.

[72] 王中根，夏军. 1999. 区域生态环境承载力的量化方法研究[J]. 长江职工大学学报，（4）：9 – 12.

[73] 邬建国. 2000. 景观生态学——概念与理论[J]. 生态学杂志，19（1）：42 – 52.

[74] 吴敬东，侯旭峰. 2003. 北京市山区小流域治理及可持续发展示范研究项目综述[J]. 水利科学研究，6：25 – 27.

[75] 吴敬东. 2010. 北京蛇鱼川生态清洁小流域水环境承载力研究[D]. 北京：北京林业大学，1 – 102.

[76] 夏军，王中根，穆宏强. 2000. 可持续水资源管理评价指标体系研究（一）[J]. 长江职工大学学报，17（2）：1 – 6.

[77] 肖笃宁. 2010. 景观生态学[M]. 北京：科学出版社，1 – 349.

[78] 邢媛，安培培. 2005. 休闲产业的发展是科学发展观社会化的实践要求[J]. 中共山西省委党校学报，28（2）：16 – 17.

[79] 徐东川. 2007. 大庆地区水环境承载力的研究[D]. 哈尔滨：哈尔滨工业大学，1 – 57.

[80] 徐中民，程国栋，张志强，等. 2001. 生态足迹方法：可持续性定量研究的新方

法——以张掖地区 1995 年的生态足迹计算为例 [J]. 生态学报，(9)：1484 - 1492.

[81] 杨瑞卿，薛建辉. 2006. 城市绿地景观格局研究——以徐州市为例 [J]. 人文地理，3 (89)：14 - 18.

[82] 于志民，王礼先. 1999. 水源涵养林效益研究 [M]. 北京：中国林业出版社，1 - 266

[83] 余敦，陈文波. 2009. 江西省土地利用可持续性评价与时空特征研究 [J]. 中国土地科学，23 (4)：43 - 47.

[84] 俞亚平，郑秋丽. 2010. 北京 128 条生态小流域带动沟域经济发展 [N]. 中国水利报，2 (25)：001.

[85] 原翠萍，李淑芹，雷启祥，等. 2010. 黄土丘陵沟壑区治理与非治理对比小流域侵蚀产流比较研究 [J]. 中国农业大学学报，15 (6)：95 - 101.

[86] 张传国. 2001. 干旱区绿洲系统生态—生产—生活承载力评价指标体系构建思路 [J]. 干旱区研究，18 (3)：7 - 12.

[87] 张传国，方创琳. 2002. 干旱区绿洲系统生态—生产—生产力承载力相互作用的驱动机制分析 [J]. 自然资源学报，17 (2)：181 - 187.

[88] 张景哲，刘启明. 1988. 北京城市气温与下垫面结构关系的时相变化 [J]. 地理学报，43 (2)：159 - 168.

[89] 张维平. 1998. 中国生物多样性国情研究报告 [M]. 北京：中国环境科学出版社.

[90] 赵冬泉，党安荣，陈吉宁. 2006. 监督分类方法中图片资料专题信息提取中的应用研究 [J]. 测绘通报，11：32 - 34.

[91] 赵兴林，郅振璞. 2001，北京山区实施集雨节灌工程宁城巧手治理 400 余个小流域 [N]. 人民日报，9 (30)：005.

[92] 赵云杰，徐伟，朱国平，等. 2005. 北京山区石匣小流域生态可持续发展评价 [J]. 林业科学研究，18 (2)：153 - 157.

[93] 张文普. 2010. 金沙江干热河谷五官小流域综合治理效益评价 [D]. 成都：四川农业大学，1 - 55.

[94] 张雪涛. 2006. "十一五" 北京投入 5 亿元治理山区小流域 [N]. 中国税务报，12 (1)：002.

[95] 周冰冰，李忠魁. 2000. 北京市森林资源价值 [M]. 北京：中国林业出版社，1 - 109.

[96] 朱一中，夏军，谈戈. 2002. 关于水资源承载力理论与方法的研究 [J]. 地理科学进展，21 (2)：180 - 188.

[97] Piers Sellers, Forrest Hall, Hank Margolis, et al. 1995. The Boreal Ecosystem Atmosphere Study (boreas)：An Overview and Early Results from the 1994 Field Year [J]. Bulletin of the American Meteorological Society，76 (9)：1549 - 1577.

[98] Russell G. 2008. Congalton and Kass Green. Assessing the Accuracy of RS Data：Principles & Practices [M]. Boca Raton CRC Press Inc.